Guzmán Mendoza Rojas
Ader Disney Román Neira

BLOCOS DE ATERRO DE RESÍDUOS E CINZAS DE CANA-DE-AÇÚCAR

Guzmán Mendoza Rojas
Ader Disney Román Neira

BLOCOS DE ATERRO DE RESÍDUOS E CINZAS DE CANA-DE-AÇÚCAR

UMA ALTERNATIVA SUSTENTÁVEL

ScienciaScripts

Imprint

Any brand names and product names mentioned in this book are subject to trademark, brand or patent protection and are trademarks or registered trademarks of their respective holders. The use of brand names, product names, common names, trade names, product descriptions etc. even without a particular marking in this work is in no way to be construed to mean that such names may be regarded as unrestricted in respect of trademark and brand protection legislation and could thus be used by anyone.

Cover image: www.ingimage.com

This book is a translation from the original published under ISBN 978-613-9-06958-3.

Publisher:
Sciencia Scripts
is a trademark of
Dodo Books Indian Ocean Ltd. and OmniScriptum S.R.L publishing group

120 High Road, East Finchley, London, N2 9ED, United Kingdom
Str. Armeneasca 28/1, office 1, Chisinau MD-2012, Republic of Moldova, Europe
Managing Directors: Ieva Konstantinova, Victoria Ursu
info@omniscriptum.com

Printed at: see last page
ISBN: 978-620-8-38500-2

Conteúdo

Dedicatória aos meus pais: Gregorio e Juliana por serem o apoio importante, às minhas filhas Lucero e Sofia por serem a motivação para lutar pelos meus objectivos.

Guzmán Mendoza Rojas

Dedicatória Aos meus pais: Teódulo Román López, Teodolinda Neira Chinchay e irmãos, à minha mulher: Carlita Rubio, aos meus filhos: Sofia, Liam e My Mateo, por serem o pilar da minha educação e motivação no meu aperfeiçoamento.

Ader Disney Román Neira

Agradecimentos

Agradeço em primeiro lugar ao orientador, aos professores que transmitiram os seus conhecimentos, guiando-me para alcançar o meu objetivo.

Guzmán Mendoza Rojas

Agradeço a DEUS pela minha saúde e por ser o meu guia, aos meus pais por me terem dado a vida, aos meus irmãos, mulher e filhos por me darem força para continuar a aperfeiçoar-me, aos meus professores pela contribuição dos seus conhecimentos e pela concretização dos objectivos que me propus.

Ader Disney Román Neira

RESUMO

Neste trabalho de investigação, o objetivo foi determinar os efeitos nas propriedades mecânicas dos blocos de betão com a adição de betão reciclado e resíduos de cinzas de bagaço de cana-de-açúcar (RCBCACR) em Lambayeque, 2023. Para esta investigação, foi concebida uma amostra padrão e foram adicionadas percentagens de 5%, 10% e 15% de RCBCACR, a fim de avaliar as melhorias nas propriedades mecânicas dos blocos de betão.

O presente estudo busca avaliar o comportamento das resistências à compressão, flexão e tração com relação à amostra padrão em um bloco de concreto, a pesquisa é do tipo experimental, variável dependente propriedades do bloco de concreto e variável independente RCBCACR, a população amostral foi de 180 blocos de concreto, como instrumento foram utilizados formatos laboratoriais para obtenção dos resultados dos ensaios realizados.

[222] Os resultados obtidos foram, obtendo um resultado ótimo com 10% RCBCACR; sendo 53,79 kg/cm de resistência à compressão vs 0% RCBCACR de 51,08 kg/cm aos 28 dias, uma resistência à flexão de 6,19 kg/cm vs 0% RCBCACR (5.[222]80 kg/cm); com uma relação compressão vs. flexão de 11,51%, uma resistência à tração de 1,09 kg/cm vs. 0% RCBCACR (1,03 kg/cm); com uma relação compressão vs. tração de 2,02%.

Em conclusão, a adição de 10% de RCBCACR confere melhores resistências à compressão e à flexão, cumprindo a Norma E.070, podendo trabalhar como bloco NP e P, no que diz respeito à resistência à tração, as unidades de bloco de betão com 10% de dosagem não resistem às tensões de tração.

Palavras-chave: Blocos, betão, tijolo, cinza, confete, reciclado, cana, bagaço, açúcar.

I.- INTRODUÇÃO

Ao longo dos anos, o betão tornou-se um dos materiais de grande interesse na construção, pois a sua trabalhabilidade permite a sua adaptação aos diferentes tipos de construções onde é utilizado, no entanto, em muitas ocasiões apresenta propriedades muito deficientes em termos de durabilidade e coesão (Zambrano et al., 2021).

As principais deficiências do betão estão relacionadas com a sua natureza frágil; devido à baixa durabilidade da sua resistência, causando a futura formação de fissuras, a baixa resistência à tração e a baixa capacidade de deformação, devem ser investigadas novas alternativas de conceção para obter um betão de qualidade utilizando novos materiais, tais como a utilização de resíduos que beneficiem as propriedades do betão (Nunton et al., 2022).

Por outro lado, a maioria dos passos para a elaboração de blocos de betão não são os mais corretos, uma vez que a maioria dos materiais utilizados apresenta caraterísticas que não são adequadas para a conceção de misturas devido às suas dimensões, percentagens de absorção e percentagens de forma variável, influenciando a trabalhabilidade final das misturas, obtendo um betão com propriedades pobres, o que não é recomendado (Liu et al., Utilization potential of aerated concrete block powder and clay brick powder from C&D waste, 2020).

Assim, a qualidade final dos blocos de betão é baixa, o que depende, em grande parte, de etapas de fabrico mal executadas, relacionadas com um conhecimento deficiente do estudo dos agregados, uma determinação incorrecta da dosagem de cada componente das misturas e um processamento imperfeito dos blocos no que diz respeito à moldagem, compactação e cura (Liu et al., 2021).

Atualmente, é fácil confundir um betão barato com um betão económico, dado que resistir a determinadas cargas não significa que se torne durável, pelo que ao longo dos anos a sua manutenção será dispendiosa; por outro lado, o betão torna-se económico se se tornar resistente e durável a longo prazo, implicando custos iniciais mais elevados na sua produção (Camarena & Díaz, 2022).

Noutro contexto, as crescentes preocupações ambientais no mundo forçam os produtores de betão a utilizar os resíduos disponíveis em vez de agregados naturais e fontes de cimento, tornando o betão reciclado uma alternativa mais adequada e sustentável em todo o mundo devido ao grande consumo de betão, como nos países da China e dos EUA, é excessivo e também se reflete na produção de cimento, cuja produção se baseia em 85,9 milhões de toneladas de cimento por ano (Song et al., 2019).

Em janeiro de 2022, a produção de cana-de-açúcar atingiu mais de 768 mil toneladas com uma variação percentual de -0,5% à produção obtida em 2021, sendo o bagaço a formação de resíduos fibrosos após a exclusão do caldo das próprias canas, onde a queima deste componente gera cinzas, tornando-se componentes sem utilidade para as empresas (INEI, 2022).

Por tudo isto, tendo uma conceção e utilização de agregados com baixas propriedades, a produção de blocos de betão terá uma vida útil curta, perdendo nomeadamente a sua resistência, e se estes blocos não tiverem as dimensões corretas, não serão colocados rapidamente no momento da construção (Awoyera et al., 2021).

Além disso, o Peru tem 1 813 aterros autorizados (OEFA, 2023), o que deixa uma percentagem significativa de resíduos sem um local de descarga autorizado. De acordo com a CAPECO, 70 % dos resíduos de construção vão para o mar, enquanto 30 % são distribuídos em pontos autorizados (León, 2017).

Localmente, em Chiclayo, 80% do betão é deficiente no que diz respeito às suas propriedades quando sujeito a impactos, onde se este mesmo betão for utilizado para a produção de blocos de betão, será um perigo para os utilizadores, devido à sua baixa resistência, na construção de casas, estas serão propensas a desmoronar num terramoto ligeiro, se fosse o caso, gerando perdas económicas e perdas de vidas (Itamar et al., 2022).

Assim, surge a necessidade de dar uma nova utilização aos resíduos de cinzas de bagaço de cana-de-açúcar, que ao serem incorporados na produção de blocos de betão, para além de minimizarem o impacto poluente que estes geram, irão beneficiar diretamente os utilizadores, bem como otimizar as propriedades de resistência e durabilidade, bem como um benefício económico final; através da redução da utilização dos outros componentes que constituem estas misturas (Anjos et al., 2020).

Além disso, no que diz respeito aos resíduos de betão, estes são uma opção viável quando se faz uma boa escolha do material a utilizar para a conceção da mistura, através de ensaios de peneiração ou outros para determinar as suas caraterísticas gerais, gerando através da sua aplicação uma otimização da trabalhabilidade do betão, o que leva a um aumento da sua resistência (NedeljkoviC et al., 2021).

Assim, este estudo procura otimizar os blocos de betão através da utilização de dois novos materiais, que, embora seja verdade que estes componentes serão reutilizados, também obterão melhores resultados nas propriedades quando forem adicionados nas percentagens de dosagem adequadas à mistura, evitando uma diminuição das suas propriedades finais.

Devido a esta situação, formula-se a seguinte questão: Quais são os efeitos nas propriedades mecânicas dos blocos de betão com adição de RCBCACR em Lambayeque, 2023?

Esta investigação justifica-se a nível ambiental, com o objetivo de proporcionar a reutilização de materiais como os RCBCACR, de forma a tornar estes componentes amigos do ambiente, caracterizando o betão como um material sustentável, através do aproveitamento dos seus resíduos, minimizando assim o impacto negativo que poderá causar no futuro.

Para a justificação técnica, é oferecida uma alternativa precisa no que diz respeito às caraterísticas significativas que os blocos de betão com adição de RCBCACR podem apresentar; cumprindo as normas peruanas em vigor, garantindo a utilização óptima destes novos materiais ecológicos.

Em termos de justificação social, o estudo justifica-se porque proporcionará uma alternativa eficaz para a obtenção de materiais de excelente qualidade para o departamento de Lambayeque, que tem um total de 1.197.260 habitantes, onde blocos de betão com adições de materiais reciclados serão utilizados em várias estruturas de construção no futuro, adquirindo benefícios significativos no desempenho da sua segurança e funcionalidade, sendo um benefício para os utilizadores.

Por razões económicas, a utilização destes materiais eco-sustentáveis feitos de betão com adição de RCBCACR reduzirá os custos de produção dos blocos de betão, minimizando a utilização de recursos e reutilizando outros.

Portanto, propõe-se o seguinte objetivo geral: Determinar os efeitos nas propriedades mecânicas dos blocos de betão com adição de RCBCACR em Lambayeque, 2023, e como objectivos específicos os seguintes: i) Determinar o desenho ótimo dos blocos de betão com adição de RCBCACR em Lambayeque, 2023. ii) Determinar a dosagem nos blocos de concreto com adição de RCBCACR em Lambayeque, 2023. iii) Determinar a resistência à compressão dos blocos de concreto com adição de RCBCACR em Lambayeque, 2023. iv) Determinar a resistência à flexão dos blocos de concreto com adição de RCBCACR em Lambayeque, 2023. v) Determinar a resistência à tração dos blocos de concreto com adição de RCBCACR em Lambayeque, 2023.

Por hipótese geral: As propriedades mecânicas dos blocos de betão com adição de RCBCACR aumentam significativamente em Lambayeque, 2023. Por hipótese específica: i) O desenho ótimo dos blocos de betão com adição de RCBCACR apresenta melhorias significativas em Lambayeque, 2023. ii) A dosagem óptima nos blocos de betão com adição de RCBCACR apresenta melhorias significativas em Lambayeque, 2023. iii) A resistência à compressão dos blocos de betão com adição de RCBCACR aumenta significativamente em Lambayeque, 2023. iv) A resistência à flexão dos blocos de betão com adição de RCBCACR aumenta significativamente em Lambayeque, 2023. v) A resistência à tração dos blocos de betão com adição de RCBCACR aumenta significativamente em Lambayeque, 2023.

II.- ENQUADRAMENTO TEÓRICO

A nível internacional, no artigo *Sugarcane pulp sand and paper grain sand as partial fine aggregate replacement in environment-friendly concrete bricks* (Tayeh et al., 2021), o objetivo foi determinar a influência da incorporação de areia de polpa de cana-de-açúcar em blocos de betão. Foram feitas amostras com dimensões de 0,25 m χ 0,12 m χ 0,06 m. Os resultados do ensaio de resistência à compressão mostraram valores de 26,53MPa, 27,2MPa, 26,9MPa, 25,53MPa e 23,87MPa respetivamente, bem como uma absorção de 3,8%, 4,1%, 4,5%, 4,9% e 5,4% quando a areia de bagaço de cana foi adicionada a 0%, 10%, 20%, 30% e 40%. Concluíram que, com a adição de 10% de areia de bagaço de cana-de-açúcar, obtiveram um aumento da resistência dos tijolos de betão e que todas as amostras têm valores de absorção de água inferiores a 8%, em conformidade com a norma ASTM-C20.

No artigo *Study on the properties variation of recycled concrete paving block containing multiple waste materials* (Wang et al., 2023), o objetivo era substituir os agregados naturais por agregados finos de betão reciclado, incluindo-os em blocos de pavimento de betão. Realizaram ensaios de resistência e absorção. Verificaram que, ao utilizar agregados finos de betão reciclado em proporções de 10, 20 e 30%, obtiveram valores de resistência à compressão de 32,51MPa, 30,27MPa e 30MPa, respetivamente, para além de resultados de absorção de 5,92%, 5,13% e 4,57%, respetivamente. Concluíram que 10% de agregados finos de betão reciclado foi o mais adequado para a produção de pavimentadoras de betão.

No artigo *Sugarcane bagasse and rice husk ash pozzolans: Cement strength and corrosion effects when using saltwater* (Garrett et al., 2020), o objetivo foi avaliar o efeito de substituições parciais de cimento através da inclusão de cinzas de bagaço *de cana-de-açúcar* e *cinzas* de casca de arroz nas misturas (Abasi et al., 2023). Utilizaram os testes correspondentes para determinar as resistências e absorções necessárias. Verificaram que, ao utilizar 0%, 10%, 20% e 30% de cinza de bagaço de cana e cinza de casca de arroz, alcançaram uma resistência à compressão de 18MPa, 25MPa, 17MPa e 18,5MPa para o primeiro material e 20MPa, 25MPa e 24,5MPa para o segundo material, além disso, por absorção atingiram valores de 29%, 30.Concluíram que 10% de cinza de bagaço de cana-de-açúcar foi a mais indicada por apresentar resultados significativos, e 20% de casca de arroz foi a mais indicada para utilização na produção de blocos de concreto.

No artigo *An Experimental Study on Bricks by Partial Replacement of Bagasse Ash* (Prabhu et al., 2019), eles tiveram como objetivo realizar um estudo sobre os efeitos da adição de cinzas de bagaço na fabricação de tijolos. Eles realizaram os testes correspondentes usando blocos com a adição de cinzas de bagaço. [2222]Os resultados mostraram que ao utilizar 6, 8, 16 e 20 % obtiveram uma resistência à compressão de 4,00N/mm , 4,20N/mm , 5,10N/mm e 6,30N/mm respetivamente, bem como uma absorção de 20,20%, 19,80%, 19% e 17,90% respetivamente. Concluíram que a inclusão de 20% de cinzas de bagaço teve resultados significativos na resistência e absorção.

No artigo intitulado *The Utilization of Recycled Masonry Aggregate and Recycled EPS for Concrete Blocks for Mortarless Masonry* (Pavlu et al., 2019), pretendiam otimizar as propriedades dos blocos de betão através da adição de alvenaria reciclada e EPS reciclado. Realizaram testes de resistência e absorção dos blocos de betão. Os resultados da resistência à compressão ao usar 0, 35, 95 e 100 % de alvenaria reciclada mostraram valores de 47,5MPa, 30MPa, 34MPa e 29MPa, e ao usar 10, 25 e 65 %, valores de 13.5MPa, 21MPa e 18,5MPa para o mesmo ensaio, e para a absorção obtiveram 10,27%, 13,09%, 13,87% e 14,41% utilizando alvenaria reciclada e 12,07%, 11,62% e 12,92% utilizando EPS reciclado. Concluíram que os resultados não eram adequados e recomendaram a realização de mais ensaios com menos de 35% de adição de alvenaria reciclada.

A nível nacional, Ccahuaya e Zeballos (2022), na sua investigação *Melhoria das propriedades mecânicas da parede artesanal sólida através da adição de betão reciclado triturado para utilização na construção, Ilo, Moquegua, 2021*, tiveram como objetivo otimizar as propriedades mecânicas de cada unidade de alvenaria através da adição de betão reciclado. Utilizaram uma metodologia de desenho quasi-experimental, aplicada e de abordagem quantitativa. [222]Obtiveram como resultados que ao utilizar 0, 10, 25 e 50 % de betão reciclado em cada unidade de alvenaria atingiram uma resistência à compressão de 41.730kg/cm , 75.540kg/cm , 63.590kg/cm e 60.[2]060kg/cm respetivamente, absorção de 3,650%, 2,370%, 2,650% e 2,800% respetivamente; bem como empenos côncavos e convexos de 3mm - 1,3mm, 1,2mm - 0,9mm, 2,3mm - 0,1mm e 1,2mm - 1,1mm respetivamente. Concluíram que a proporção ideal de betão reciclado era de 10%, uma vez que tinha resultados significativos nas suas propriedades.

León e Reátegui (2020) na sua investigação *Desenho de blocos de betão com incorporação de fibra de cana-de-açúcar para casas unifamiliares em Moyobamba 2020* teve como objetivo avaliar a influência da incorporação de fibras de cana-de-açúcar em blocos de betão. A metodologia utilizada foi aplicada, experimental e quantitativa. [2]Os resultados mostraram que a adição de 0, 15, 15, 17 e 19 % de fibra de cana-de-açúcar aos blocos de betão apresentou uma resistência à compressão de 21.110, 18.930, 17.700 e 23.570 kg/cm , absorção de 15.720, 13.230, 13.550 e 12.840 %, respetivamente, e o empenamento médio com adição de 19% obteve valores na face longitudinal e diagonal inferior de 1.310 e 1.400 mm e na face longitudinal e diagonal superior de 1.420 e 1.720 mm. Concluíram que a dosagem mais óptima de fibras de cana-de-açúcar foi de 19%, pois gerou um aumento da compressão.

Ardiles (2021) na sua investigação *Influência da cinza de bagaço de cana de açúcar como substituto parcial do cimento portland tipo I na produção de unidades de alvenaria Abancay, 2021* teve como objetivo descobrir como a cinza de bagaço de cana de açúcar influencia a substituição parcial do cimento na produção de unidades de alvenaria. A metodologia utilizada foi aplicada e experimental. [2]Os resultados mostraram que ao utilizar 0, 5, 10 e 15 % obteve uma resistência à compressão de 28.180, 33.590, 37.810 e 35.450 kg/cm , absorção de 6.40, 6.20, 6.20, 6.20 e 5.70 % e no empenamento ao utilizar 15 % de cinza teve uma média em sua face inferior côncava e convexa de 1.190 e 0 mm e na face superior côncava e convexa de 2,650 e 0,700 mm. Concluiu que a dosagem mais óptima era de 10%, pois tinha um valor melhor em termos de resistência à compressão.

Correa e Polo (2019) em sua pesquisa *Influencia de reemplazo de ceniza de caña de azúcar sobre las propiedades físicas y mecánicas de adoquines tipo II para pavimentos de tránsito ligero, Trujillo 2019* teve o objetivo de descobrir como o uso de cinzas de cana-de-açúcar influencia as propriedades físicas e mecânicas dos pavimentos do tipo II. A metodologia utilizada foi experimental e quantitativa. [2]Os resultados mostraram que a adição de 0, 3, 6, 9, 9, 12 e 15 % alcançou uma resistência à compressão de 424.050, 447.160, 489.200, 506.960, 516.330 e 403.310 kg/cm, respetivamente, absorção média de 4.420, 4.230, 4.060, 3.260, 3.060 e 2.960 %, respetivamente. Concluíram que a dosagem mais óptima de cinza de cana-de-açúcar foi de 12%, gerando um aumento da compressão e tornando o betão impermeável.

[2]Arope (2019) em sua pesquisa *Resistência à compressão de tijolos de concreto f'c=210 kg/cm , substituindo o agregado graúdo por tijolo e concreto reciclado, em diferentes porcentagens* teve como objetivo saber como o concreto e os tijolos reciclados influenciam na resistência à compressão dos tijolos de concreto. Utilizou uma metodologia experimental aplicada. [2 2]Obteve como resultados que, ao utilizar o betão reciclado em 0, 10, 15 e 20 % obteve uma resistência à compressão de 100, 105,060, 103,940 e 102,720 kg/cm respetivamente, e ao utilizar o tijolo reciclado em 10, 15 e 20 % atingiu uma resistência à compressão de 104,990, 104,440 e 93,610 kg/cm Concluiu que a dosagem mais óptima foi de 10% em ambos os casos, uma vez que aumentou a resistência dos tijolos de betão.

Na presente investigação existem várias teorias relacionadas com o tema: Segundo Wu et al. (2022), a cana-de-açúcar pertence ao grupo de cultura tropical e subtropical pertencente às culturas açucareiras no mundo, quando o sumo deste mesmo produto é extraído, cerca de 50% permanece como bagaço. Por outro lado, Almeida et al. (2019) refere que maioritariamente este componente é queimado como combustível num gerador combinado para produzir eletricidade, sendo as cinzas do bagaço da cana-de-açúcar o material residual final da cadeia de produção do açúcar onde cerca de uma tonelada de bagaço pode produzir 25 a 40 kg de cinzas.

Para Lyra et al. (2019) as cinzas desse mesmo material se tornam um resíduo da indústria açucareira, onde esse componente é queimado em sua maioria como combustível, Garret et al. (2020) afirmam que elas são ricas em sílica amorfa que consegue ser capaz de se acomodar como um dos materiais pozolânicos no concreto, além disso ela é composta por óxido de cálcio em 6,83%, óxido de silício em 71,36%, óxido de alumínio em 11,2%, óxido de ferro em 3,795 e óxido de magnésio em 1,56%.

Segundo Kolawole et al. (2021), é um material descartado pelas indústrias açucareiras com alto teor de componentes pozolânicos, estes passam a ser produzidos a partir do subproduto devido à extração do líquido dos colmos da cana-de-açúcar que é o bagaço de cana, que é utilizado pelas indústrias como um tipo de combustível onde o resíduo final é a cinza deste subproduto.

Por outro lado, Khatab et al. (2021) afirmam que o betão reciclado é reutilizado como agregado para fazer betão novo, muito do qual pode provir de várias fontes, como elementos de betão triturado de edifícios e outras estruturas.

Para Yuan et al. (2023), este componente é derivado dos restos de unidades rejeitadas em fábricas de betão pré-fabricado ou de espécimes de betão testados de forma correspondente, por esta razão, as propriedades do betão reciclado variam geralmente em função da forma como foram fabricados.

Além disso, Carrico et al. (2021) mencionam os resíduos de concreto, que podem ser encontrados como um tipo de resíduo devido a demolições, esses resíduos podem apresentar diversas propriedades quando estudados, pois apresentam diferentes tipos de composições, devido à mistura, método construtivo e formas de reação de hidratação a que foram submetidos na época.

Feng et al. (2023) referem que os edifícios são considerados de extrema importância porque têm de cumprir e tornar-se mais sustentáveis, devendo ser realizados estudos para dar um novo uso a certos componentes denominados resíduos, como alternativa mais adequada e sustentável a nível mundial, novas alternativas de conceção para obter betão de qualidade utilizando novos materiais.

Diante disso, Simsek et al. (2022) afirmam que é um dos materiais gerados pela indústria da construção civil, uma vez que produzem grandes quantidades de resíduos, dos quais são materiais indesejados devido à demolição, grande parte desses materiais podem ser provenientes dos elementos de concreto triturados de edifícios e outras estruturas, em outro sentido, se se trata de utilizar os componentes agregados do concreto reciclado, o tamanho de suas partículas torna-se crítico para a resistência à compressão do desenvolvimento do novo concreto.

Segundo Makul (2020), o betão é o segundo produto mais consumido na terra depois da água, da mesma forma, é um agregado ligado ao cimento, o ligante é em grande parte o cimento Portland, obtido pela calcinação da cal ($CaCO_3$) a altas temperaturas, por outro lado, a crescente procura de estruturas de betão vem impor encargos ao ambiente e aos recursos finitos. Além disso, Sun et al. (2020) indicam que o betão é um dos componentes de construção mais úteis e importantes em muitos países, possuindo muitas vantagens, incluindo elevada resistência à compressão, fácil disponibilidade e facilidade de modelação, além de se caraterizar por ter 75% de agregados de origem natural.

Para Armany (2021), o cimento é uma substância fina, macia e pulverulenta, utilizada principalmente para ligar agregados para misturas de betão. Além disso, o cimento actua como um ligante hidráulico; endurece durante a adição de água e é o ingrediente-chave do betão e da argamassa que serão utilizados para construir estruturas duradouras.

Dawoud et al. (2020) indicam que o cimento é considerado um dos componentes mais importantes a nível mundial, pois é a espinha dorsal para o progresso de qualquer país, sendo amplamente consumido como material de construção devido às suas excelentes propriedades mecânicas e durabilidade. Para Arivazhagan et al.(2020), os blocos de betão são fabricados a partir de areia, cascalho e misturados com cimento em blocos, largamente referidos como unidades de alvenaria de betão, sendo fabricados a partir de betão agregado prensado, fundido ou extrudido, podem ser fabricados para praticamente qualquer função arquitetónica ou estrutural e as suas especificações para as unidades de alvenaria de betão são fornecidas em várias normas, incluindo a ASTM C55.

Da mesma forma, segundo Abasi et al. (2023), mencionam que grande parte das estruturas de alvenaria estão recentemente fazendo uso de blocos de concreto, visto que suas caraterísticas incluem baixo custo, alta capacidade de carga e eficiência energética, sendo um dos componentes construtivos amplamente utilizados nos Estados Unidos por possuir uma de suas propriedades de grande magnitude, que é a resistência térmica.

Os blocos de betão caracterizam-se por serem um dos materiais utilizados na alvenaria, para além de serem de baixo custo em comparação com as unidades de alvenaria tradicionais, por outro lado, dentro da sua classificação podem ser encontrados blocos com pesos normais, médios ou leves, para além de se caracterizarem por serem resistentes, utilizados para fins estruturais e decorativos (Zahra et al., 2021).

Por outro lado, o regulamento refere que as unidades de alvenaria para uso estrutural terão que considerar os valores mínimos estipulados no regulamento, como primeiro ponto tem em conta os blocos para paredes não estruturais onde o empeno máximo terá que ser de 8mm, da mesma forma os blocos para paredes estruturais terão que considerar um empeno máximo de 4mm, sendo importante a forma dos blocos finais que formarão as estruturas com as suas caraterísticas correspondentes (RNE, 2019).

Peng et al.(2022), indicam que outro ensaio importante é o de absorção de cada unidade de alvenaria ou bloco de betão, que se realiza para conhecer a consistência dos blocos assim como as capacidades de absorção de água que possam ter até ao ponto de ficarem saturados, os graus de absorção dependerão do tipo de betão que se forma, é importante que as unidades tenham coeficientes de saturação mais baixos para evitar a sua porosidade.

Segundo Cabané et al. (2022), afirmam que, para conhecer as propriedades mecânicas dos blocos de concreto, deve-se realizar o ensaio de resistência à compressão desses blocos, com o objetivo de obter valores de quanto essas unidades são capazes de resistir às cargas de esmagamento, determinando seus limites de resistência e sempre considerando o cumprimento da norma que está sendo levada em consideração para o respetivo ensaio.

[22]Além disso, de acordo com a norma de alvenaria E.070, a resistência à compressão dos blocos a serem estudados terá que considerar os valores mínimos estipulados pela norma dados nas áreas brutas, onde para o primeiro ponto menciona blocos para paredes não estruturais, o que indica que eles devem ter resistências mínimas de 20 kg/cm , da mesma forma para blocos de parede estrutural terá que ser considerado para resistências mínimas de 50 kg/cm (RNE, 2019).

Para avaliar a resistência à compressão de um bloco de betão, este deve ser ensaiado à compressão de acordo com a norma ASTM C140, e as faces de carga devem ser mantidas paralelas para que a carga possa ser distribuída uniformemente por toda a área do bloco.

O comportamento à compressão dos blocos de alvenaria de betão é uma das questões mais importantes e necessárias no projeto e na avaliação da segurança dos edifícios devido às forças de compressão a que estas estruturas estão sujeitas (Fakharian et al., 2023).

Relativamente à resistência à flexão, esta é realizada para a determinação das forças de rigidez dos provetes, onde os provetes são colocados apoiados em 2 suportes, aplicando uma carga cêntrica ao provete num tempo definido, onde as cargas de rotura são denominadas forças de flexão (Nikolenko et al., 2021).

Por outro lado, a resistência à tração, também conhecida como ensaio diametral, é realizada através de uma máquina universal onde se avalia a resistência à tração do betão de acordo com a norma ASTM, ou pela NTP 399.621 para calcular as forças de corte.

A resistência à tração é um dos principais parâmetros na engenharia estrutural do betão e é uma caraterística vital do betão, uma vez que os elementos estruturais são extremamente vulneráveis à fissuração devido a uma variedade de factores, incluindo a carga aplicada, descrevendo assim a capacidade de um componente para resistir à tensão de tração (Carrico et al., 2021).

Farrel et al (1967), em ensaios de solos com uma gradação muito ampla, desde areia grossa a argila, encontraram valores de resistência à tração correspondentes a cerca de 10% dos da resistência à compressão (at/ac = 0,1), enquanto Law (1987, citado por Abu-Hejleh e Znidarcic, 1995) sugere que a relação tem um valor máximo de 0,5.

Otazzi (2004), a relação entre a resistência à tração e a resistência à compressão situa-se num intervalo de 8 a 15% da resistência à compressão.

Gerardo A. Rivera L. (2013) No seu livro "Simple Engineer's Concrete", no ponto 6.6, encontra correlações entre a resistência à flexão e as resistências à compressão e à tração, e conclui que o módulo de rutura apresenta valores que variam entre 10% e 20% da resistência à compressão. Uma relação aproximada a ser utilizada quando não se dispõe de ensaios de flexão é a seguinte $MR = k(RC)^{112}$

III.- METODOLOGIA

3.1. Tipo e conceção da investigação:

Tipo:

Villanueva (2022) refere que a finalidade do estudo aplicado é investigar e procurar algum tipo de solução com base na teoria para resolver os problemas através dos objectivos do estudo.

Arias (2006) refere-se ao grau de estudo de um fenómeno ou objeto; quanto maior for a profundidade, melhor, e pode ser exploratório, descritivo e explicativo.

Por conseguinte, a nossa investigação baseia-se no tipo aplicado, uma vez que utilizaremos o RCBCACR com o objetivo de otimizar as propriedades do betão.

Conceção:

Ramírez e Calles (2021) indicam que dentro deste desenho existe um grupo que será exposto ao experimental puro e outro grupo de controlo, onde o primeiro grupo será manipulado causando certas mudanças, das quais em muitas ocasiões o que se procura é gerar uma otimização no mesmo.

Para Palella e Martins (2006, p. 95), o desenho de pesquisa refere-se a uma tática adotada pelo pesquisador para solucionar o problema, conflito ou carência colocados no estudo.

Por isso, esta pesquisa será de desenho experimental puro, devido à busca de melhorias de cada propriedade do concreto com a adição de RCBCACR.

Foco:

Da mesma forma, Sánchez (2019) menciona a abordagem de estudo quantitativa, através da qual os dados são obtidos por meio da recolha de dados, e os objectos de estudo tornam-se susceptíveis de serem medidos numericamente.

Niño (2021) indica que dentro da abordagem quantitativa, obtêm-se valores numéricos, ou seja, serão expressos numericamente, sendo muito diferente da abordagem qualitativa, como o próprio nome indica, as qualidades do objeto em estudo.

Sampieri R. et al (2004), refere que a abordagem quantitativa se baseia num esquema metódico e lógico e procura formular questões e hipóteses de investigação para posterior demonstração.

Assim, será utilizada uma abordagem quantitativa, uma vez que os testes que serão efectuados nos fornecerão dados numéricos que serão medidos e recolhidos através de instrumentos de estudo adequados.

3.2. Variáveis e operacionalização:

Variável independente 1: Adição de resíduos de cinzas de bagaço de cana-de-açúcar.

Definição concetual: A cinza de bagaço de cana-de-açúcar é definida como um material calcinado a temperaturas de 800°C a 1000 °C e tem propriedades que favorecem uma elevada atividade pozolânica (Frías et al., 2007).

Definição operacional: A medida necessária para as respectivas concentrações de cinzas de bagaço de cana-de-açúcar para encontrar a percentagem óptima para utilização em blocos de construção.

Variável independente 2: Adição de betão reciclado.

Definição concetual: O betão reciclado ou entulho é definido como um resíduo sólido derivado da demolição de edifícios, principalmente da demolição e/ou remodelação de habitações, mas também de alterações em pavimentos, calçadas ou pavimentos (Ingenieros de Minas de Madrid, 2015).

Definição operacional: A medida necessária para as respectivas concentrações de betão reciclado para encontrar a percentagem óptima para utilização na construção de blocos.

Variável dependente: Blocos de betão

Definição concetual: Os blocos são geralmente feitos de cimento, areia, brita e água, os blocos têm um interior oco que permite a passagem de barras de aço e argamassa de enchimento, as dimensões variam desde as mais comuns que são 19x19x39 cm, para uso estrutural, e outras mais estéticas para alvenaria, com medidas aproximadas de 19x9x39 (Tomás Franco, 2018).

Definição operacional: Serão efectuados ensaios de resistência à compressão, à flexão e à tração nos blocos de alvenaria com diferentes percentagens de adição e será conhecido o ótimo.

3.3. População, amostra e amostragem:

População

Arias (2006, p.81), define população como um conjunto limitado ou ilimitado de elementos de uma tipologia comum que será alargado pelos resultados da sua investigação, sendo delimitado pelo problema e pelos objectivos do estudo.

Moguel (2005, p.85) define população limitada como aquela em que se sabe quantos elementos tem a população, e também define população ilimitada como aquela em que não se sabe o número exato de unidades que compõem a população.

A população-alvo deve ser delimitada de forma clara e precisa no problema de investigação e no objetivo geral do estudo.

A população para o presente estudo consistiu em 180 blocos medindo 40x12x20cm por unidade.

Amostra

Segundo Castro (2003), a amostra é classificada em aleatória e não aleatória. As aleatórias são todos os elementos da população que têm igual hipótese de a constituir, por sua vez, podem ser amostra aleatória simples, amostra aleatória metódica, amostra estratificada ou por conglomerados ou regiões. Não aleatória, a escolha dos elementos para o estudo fica ao critério do investigador, o que significa que nem todos os elementos da população assumem iguais hipóteses de a formar. A forma de obter esta amostra é através de uma amostragem intencional ou de opinião e de uma amostragem aleatória ou não-padrão.

A maioria dos autores concorda que é possível tomar cerca de 30% da população e obter uma amostra muito representativa (Ramirez, 1999, p. 91) e quando a população é inferior a 50 indivíduos, a população é igual à amostra, de acordo com Hernandez citado em (Castro, 2003, p. 69).

A amostra será igual à população, ou seja, 180 blocos de blocos; dos quais 45 blocos serão para determinar a amostra padrão (5 amostras padrão para cada teste com idades de 7, 14 e 28 dias) e 135 blocos serão para as diferentes dosagens a otimizar (5 amostras por teste RCBCACR de proporções de 5%, 10% e 15% com uma idade de 7, 14 e 28 dias cada teste).

Amostragem.

Hernández et al (2006) indicam que a amostragem procura explorar as relações entre a distribuição da variável "y" na população "z" e a distribuição da mesma variável na amostra em estudo.

Amostragem como conjunto de operações efectuadas sobre todo o universo populacional para estudar a distribuição de determinadas caraterísticas, com base na observação de uma fração da população considerada (Tamayo e Tamayo, 2006, p. 176).

É a forma de encontrar a possibilidade de que cada componente forme uma amostra. Portanto, este procedimento é efectuado por amostragem aleatória não probabilística e é utilizado nas populações b e c (Arias, 2006, p. 83). É uma técnica utilizada para selecionar os blocos que serão utilizados nos testes.

Unidade de análise.

Hurtado (2000) a unidade de estudo é referida ao contexto, sendo o possuidor das caraterísticas, acontecimento, variável ou qualidade a ser estudada, uma unidade de estudo pode ser uma pessoa, objeto, grupo, extensão geográfica, instituição, entre outros.

Omar at el. (2007) a relação entre unidade de análise e unidade de observação é uma extensão da noção de matriz de dados proposta por Samaja nas VII Jornadas de Sociologia da Universidade de Buenos Aires.

A unidade será constituída pelo bloco de betão com a adição de RCBCACR.

3.4. Técnicas e instrumentos de recolha de dados:

Técnicas de recolha de dados

A observação direta será utilizada como técnica, porque implica a observação cuidadosa, o registo e a organização dos efeitos que serão observados no estudo através do ensaio das propriedades mecânicas dos blocos de betão e do registo dos dados obtidos.

Instrumentos de recolha de dados

As fichas de ensaio do material serão utilizadas como ferramenta para ajudar a registar as caraterísticas da amostra durante o desenvolvimento do estudo, organizando e classificando assim todos os dados recolhidos através dos ensaios laboratoriais para os nossos ensaios de dosagem, conceção e rutura.

Validade

Este termo refere-se ao grau em que um instrumento se torna capaz de medir as variáveis permitindo a sua respectiva avaliação que estará relacionada com o objetivo do estudo, dado isto, cada um dos testes será realizado em condições óptimas com instrumentos e máquinas que se relacionam com os padrões de qualidade exigidos, e será suportado por um certificado de calibração de forma a garantir que os resultados que são obtidos pelo laboratório não foram alterados de forma alguma, uma vez que fornecerão resultados com total autenticidade e fiabilidade quando avaliados por especialistas nesta matéria.

Fiabilidade

O objetivo deste termo é determinar a exatidão dos resultados obtidos em diversas situações com a utilização dos respectivos instrumentos, pelo que a fiabilidade dos equipamentos e dos ensaios deve ser fiável para serem realizados em laboratório com o auxílio de equipamentos classificados, de modo a evitar a obtenção de resultados erróneos.

3.5. Procedimentos:

É apresentado o fluxograma do processo de elaboração da tese (para mais pormenores ver MIRO, *ver figura 55 p. 142*).

Recolha de dados:

Primeiro. - O betão reciclado será recolhido nos acessos ao complexo habitacional Estancia del Valle de Chiclayo.

Segundo. - Será efectuada a compra de cinzas de bagaço de cana-de-açúcar à Agroindústria Pucalá, em Pomalca, que resultam da combustão do bagaço de cana-de-açúcar na caldeira a altas temperaturas.

Terceiro. - A areia grossa será adquirida na pedreira San Nicolas - Pátapo - Ferreñafe - Lambayeque e os confetes na pedreira Centro - La Cría - Pátapo - Ferreñafe - Lambayeque.

Quarto. [1]- O betão reciclado deve ser limpo para remover a matéria orgânica ou outros contaminantes que afectem o betão e deve ser triturado a dimensões inferiores a Z_i".

Quinto. - Procederemos ao tratamento das caraterísticas físicas e mecânicas dos materiais tendo em conta a Norma Técnica E.070 Alvenaria e ASTM, tais como: Granulometria do agregado segundo as NTP 400.012, NTP 400.037, NTP 339.185 teor de humidade, peso específico, absorção segundo as NTP 399.604 e 400.021 e peso unitário segundo a NPT 400.017.

Para a análise granulométrica, pesa-se 500 g de amostra de areia, depois passa-se pelo crivo, 3/8, 4, 8, 16, 30, 50, 100, 200. Após a agitação, separa-se cada tamanho de agregado, pesa-se cada um destes para medir a percentagem que cada um tem em relação ao peso total.

Sexto. - Será efectuada a aquisição de cimento QHUNA TIPO I e de outros materiais a utilizar para ajudar na elaboração dos blocos de betão.

Sétimo. - Os resíduos de cinzas de bagaço de cana-de-açúcar devem ser peneirados para remover partículas utilizando o peneiro n.º 16.

Oitavo. - O projeto de misturas para os respectivos ensaios será efectuado, considerando o betão padrão e o betão com RCBCACR a 5%, 10% e 15%, utilizando o método ACI 211 para o projeto de misturas, através de uma folha de cálculo.

Nono. - A dosagem e elaboração dos blocos de concreto para os respectivos ensaios serão realizadas, considerando o concreto padrão e o concreto com RCBCACR a 5%, 10% e 15%, utilizando o método ACI 211 para o dimensionamento de misturas.

Décimo. [1]- Os blocos de concreto (amostra) serão feitos artesanalmente utilizando a dosagem indicada para cada amostra, tendo como insumos areia amarela, confete de Λ a #16, cimento, concreto reciclado, cimento, água.

Décimo primeiro. - As amostras devem ser quebradas num período de 7, 14 e 28 dias, para os ensaios de resistência à compressão, flexão e tração, de acordo com as NTP 399.604 e 399.6013, de acordo com a NTP 339.079 e de acordo com a NTP 339.084.

Décimo segundo. - Finalmente, os dados obtidos nos testes serão compilados e registados em Excel, e será feita uma comparação dos dados, a fim de tirar conclusões e recomendações no relatório final.

3.6. Método de análise dos dados:

Na presente investigação, os dados serão processados e analisados através dos instrumentos já padronizados para cada um dos testes, os dados serão recolhidos e processados através de folhas de cálculo Excel, onde os valores serão representados através de tabelas e gráficos, evidenciando cada um dos resultados, o que ajudará a verificar se os resultados beneficiam ou resolvem o problema colocado no estudo, de forma a serem analisados com mais detalhe e melhor visualização.

3.7. Aspectos éticos:

O autor do estudo cumprirá os princípios éticos estabelecidos no Código de Ética da Universidad César Vallejo, que se baseia na integridade em cada estudo científico e trabalho de gestão, honestidade intelectual em cada aspeto abrangido pelo estudo, objetividade e imparcialidade que se baseia na forma de se relacionar com o trabalho e profissionalmente; veracidade, justiça e responsabilidade na execução e divulgação de cada resultado obtido através do estudo, transparência que se baseia em agir sem qualquer conflito de interesses, em declarar e gerir esses conflitos, quer sejam económicos ou de outra natureza, autonomia em que cada participante no estudo será livre de participar ou de se retirar do mesmo no momento que considere adequado, cuidado com o ambiente em que cada investigador deve dar a garantia de cuidar e respeitar o ambiente natural sem factos que o afectem, a integridade humana, colocando a pessoa antes do interesse científico, do estatuto social, do género ou de outros parâmetros de referência, a equidade, incluindo a igualdade de tratamento de cada participante no estudo, o respeito intelectual dos direitos de citação de cada autor nacional e internacional, de acordo com a norma ISO 690, a privacidade basear-se-á na salvaguarda da informação recolhida de forma segura e, finalmente, a independência, que se refere ao facto de o estudo ser autónomo, bem como à garantia de ausência de uma elevada taxa de plágio, que será verificada com a ferramenta anti-plágio Turnitin.

Figura 1

Curva granulométrica para areia grossa.

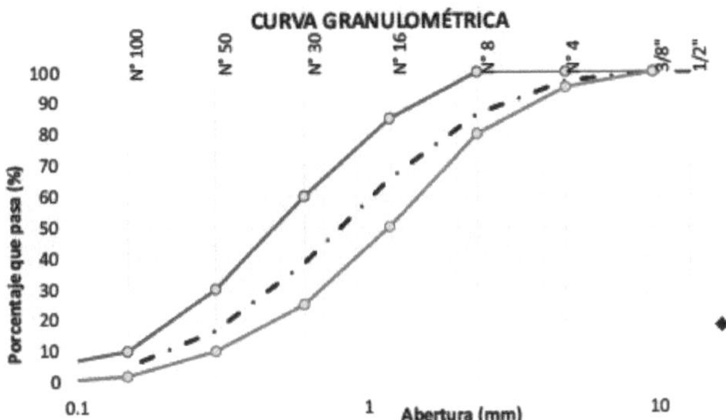

Nota: Esta figura mostra o comportamento da areia e situa-se entre as Malha n.º 3/8 e malha n.º 100, podendo ser utilizados.

Figura 2

Curva granulométrica de Confitillo.

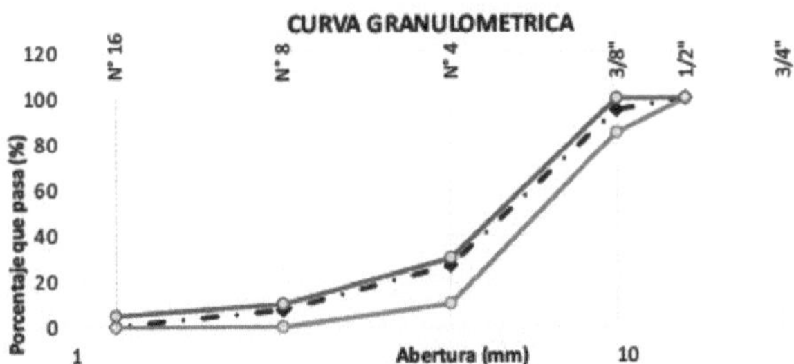

Nota: Esta figura mostra o comportamento do algodão doce e situa-se entre a malha n.º 1/2 e a malha n.º 16, sendo adequada para utilização.

Figura 3

Curva granulométrica de betão reciclado.

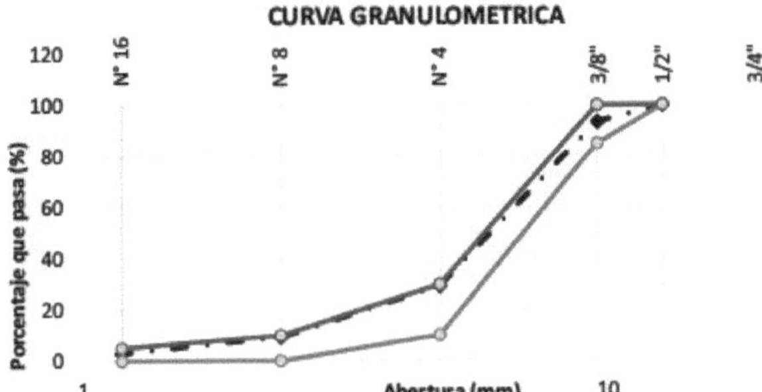

Nota: Esta figura mostra o comportamento do betão reciclado e situa-se entre a malha 1/2 e a malha 16 e é adequada para utilização.

Figura 4

Teor de humidade dos agregados.

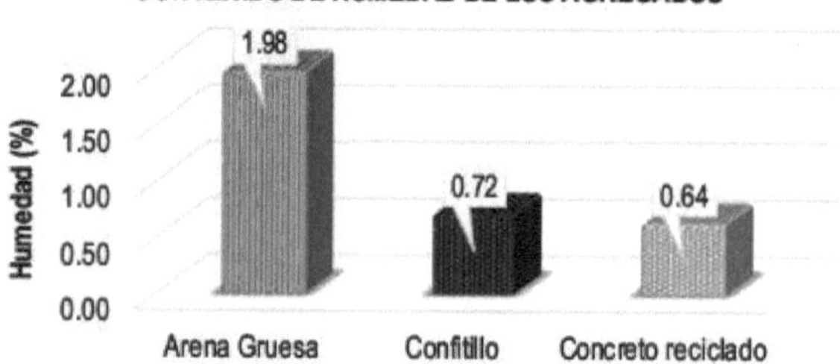

Nota: Esta figura mostra que o teor de humidade do betão reciclado é semelhante ao do betão pronto, pelo que se pode comportar como o betão pronto.

Figura 5

Gravidade específica dos agregados.

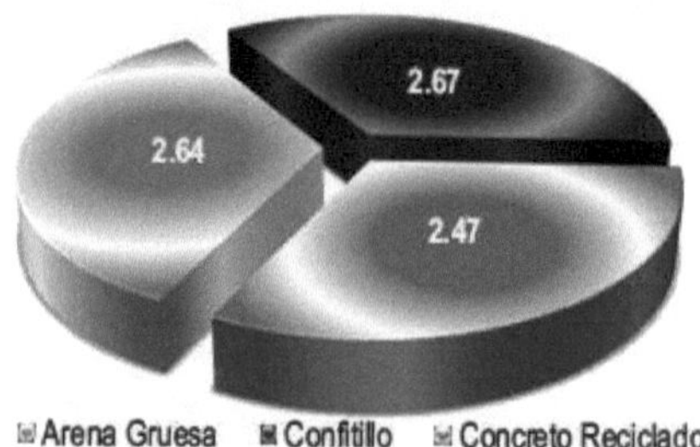

Nota: Esta figura mostra que a gravidade específica do betão reciclado é semelhante à do betão pronto, pelo que se pode comportar como o betão pronto.

Figura 6

Percentagem de absorção dos agregados.

Nota: Esta figura mostra que a taxa de absorção do betão reciclado é semelhante à do betão pronto, pelo que se pode comportar como o betão pronto.

Figura 7

Peso unitário dos agregados.

Nota: Esta figura mostra que o peso unitário da areia grossa solta e compactada para o projeto de mistura.

Figura 8

Peso unitário de Confitillo

Nota: Esta figura mostra que o peso unitário da resma solta e compactada, para a conceção da mistura.

Figura 9

Peso unitário do betão reciclado.

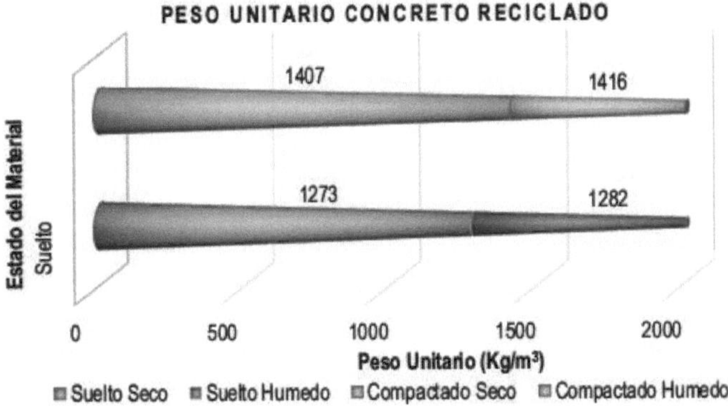

Nota: Esta figura mostra que o peso unitário do betão reciclado solto e compactado se comporta de forma semelhante ao do betão pronto, pelo que pode ser substituído na conceção da mistura.

Projeto de mistura ACI 211: Com adição de 0% de RCBCACR

Conceção resiliente			50 Kg/cm 2	
I.) Dados agregados grosseiros			Confitillo	
01.-	Tamanho nominal máximo		3/8"	em.
02.-	Peso específico da massa seca		2630.32	Kg/m^3
03.-	Peso unitário compactado a seco		1415.17	Kg/m^3
04.-	Peso unitário seco e solto		1288.92	Kg/m^3
05.-	Teor de humidade		0.72	%
06.-	Teor de absorção		0.63	%
II.) Dados agregados finos			Areia grossa	
07.-	Peso específico da massa seca		2519.27	Kg/m^3
08.-	Peso unitário seco e solto		1422.09	Kg/m^3
09.-	Teor de humidade		1.98	%
10.-	Teor de absorção		1.83	%
11.-	Módulo de finura (sem dimensões)		2.91	
III.) Mistura e outros dados				
12.-	Relação água-cimento		$R^{a/c}$ 0.87	
13.-	Liquidação		1-2	Em.
14.-	Unidade de volume de água	Água potável na zona	207.00	L/m^3
15.-	Conteúdo de ar aprisionado		3.00	%
16.-	Volume de agregado grosso		0.45	m^3
17.-	Gravidade específica do cimento	QHUNATYPE 1	3850.00	Kg/m^3

IV.) Cálculo dos volumes absolutos, correção da humidade e da entrada de água

a.- C e m e n t o s	237.90	0.062			
b.- A g u a	207.00	0.207			
c.- A i r e	3.00	0.030		Correção da	Água efectiva 2.3
d.- A r e n a	1156.34	0.459	1612.56	humidade 1644.43	0.17
e.- C o n f i t i l l o d e	635.39	0.242	179.17	180.47	

V.) Resultado final da conceção (húmido)	0.541	VI.) Teste de funcionamento	0.024495 m^3
CIMENTO	237,90 kg/m³	5,83 kg	p /cimento (em sacos) 5.60
ÁGUA	204,52 kg/m³	5,01 kg	Conceção do a/c 0.87
ARENA	1644,43 kg/m³	40,29 kg	ar condicionado no local 0.86
CONFITILLO	180,47 kg/m³	4,43 kg	
	2267	55,60 kg	

Vil). Dosagem volúmica (materiais com humidade natural)

	Cimento	Areia	Confitillo	Água	
Em saco de 1 pé3 P	1.0	6.91	0.76	36.54	Lts/ft^3
Em saco de 1 pé3 V	1.0	7.29	0.88	36.54	Lts/ft^3

Nota: Esta tabela mostra o projeto de mistura e a dosagem sem adição de RCBCACR.

Projeto de mistura ACI 211: Com adição de 5% de RCBCACR

I.) Dados agregados grosseiros		**Confittilo**	
01.-	Tamanho nominal máximo	3/8"	em.
02.-	Peso específico da massa seca	2630.32	Kg/m3
03.-	Peso unitário compactado a seco	1415.17	Kg/m3

04.-	Peso unitário seco e solto		1288.92	Kg/m3
05.-	Teor de humidade		0.72	%
06.-	Teor de absorção		0.63	%

II.) Dados agregados finos — **Areia grossa**

07.-	Peso específico da massa seca	2519.27	Kg/m^3
08.-	Peso unitário seco e solto	1422.09	Kg/m^3
09.-	Teor de humidade	1.98	%
10.-	Teor de absorção	1.83	%
11.-	Módulo de finura (sem dimensões)	2.91	

III.) Mistura e outros dados

12.-	Relação água-cimento		$R^{a/c}$ 0.87	
13.-	Liquidação		1-2	Em.
14.-	Unidade de volume de água	Água potável na zona	207.00	L/m^3
15.-	Conteúdo de ar aprisionado		3.00	%
16.-	Volume de agregado grosso		0.45	m^3
17.-	Gravidade específica do cimento	QHUNATYPE 1	3850.00	Kg/m^3

IV.) Cálculo dos volumes absolutos, correção da humidade e da entrada de água

a.- C e m e n t o s	237.90	0.062			
b.- A g u a	207.00	0.207			
c.- A i r e	3.0	0.030		Correção por humidade	Água Eficaz
d.- A r e n a	1156.34	0.459	1612.56	1644.43	2.3
e.- C o n f i t i 11 o d e	635.39	0.242	179.17	180.47	0.17

V.) Resultado final da conceção (húmido) 0.541   **VI.) Ronda de ensaio da sonda**   0.024495 m^3

CIMENTO	226,01 kg/m^3	5,53 kg	p/cimento (em sacos)	5.32
ASH	11,90 kg/m^3	0,30 kg		
ÁGUA	204,52 kg/m^3	5,01 kg	Conceção do a/c	0.87
ARENA	1644,43 kg/m^3	40,29 kg	p a/c de obra	0.86
COM PITI LLO	171,45 kg/m^3	4,20 kg		
BETÃO RECICLADO	9,02 kg/m^3	0,23 kg		

VII). Dosagem volumétrica (materiais com humidade natural)

	Cimento	Arena	Confitil lo	Cinza	Betão R.	Água	
Em saco de 1 pé3 P	1.0	7.28	0,76	0,05	0,04	38,46	Lts/ft^3
Em saco de 1 pé3 V	1.0	7.68	0.88	0.06	0.05	38.46	Lts/ft^3

Nota: Esta tabela mostra o projeto de mistura e a dosagem com a adição de 5% de RCBCACR.

Quadro 3

Projeto de mistura ACI 211: Com adição de 10% de RCBCACR

I.) Dados agregados grosseiros Confittilo

01.-	Tamanho nominal máximo	3/8"	em.
02.-	Peso específico da massa seca	2630.32	Kg/m^3
03.-	Peso unitário compactado a seco	1415.17	Kg/m^3
04.-	Peso unitário seco e solto	1288.92	Kg/m^3
05.-	Teor de humidade	0.72	%

06.-	Teor de absorção		0.63	%

II.) Dados agregados finos — **Areia grossa**

07.-	Peso específico da massa seca	2519.27	Kg/m³
08.-	Peso unitário seco e solto	1422.09	Kg/m³
09.-	Teor de humidade	1.98	%
10.-	Teor de absorção	1.83	%
11.-	Módulo de finura (sem dimensões)	2.91	

III.) Mistura e outros dados

12.-	Relação água-cimento		$R^{a/c}$ 0.87	
13.-	Liquidação		1-2	Em.
14.-	Unidade de volume de água	Água potável do zona	207	L/m³
15.-	Conteúdo de ar aprisionado		3	%
16.-	Volume de agregado grosso		0.45	m³
17.-	Gravidade específica do cimento	QHUNATYPE 1	3850	Kg/m³

IV.) Cálculo dos volumes absolutos, correção da humidade e da entrada de água

a.- C e m e n t o s	237.90	0.062			
b.- Ag u a	207.00	0.207			Água eficaz
c.- A i r e	3.0	0.030		Correção da	
d.- Areia	1156.34	0.459	1612.56	humidade 1644.43	2.3
e.- C o n f i t i 11 o d e	635.39	0.242	179.17	180.47	0.17

V.) Resultado final da conceção (húmido)		0.541	VI.) Ronda de ensaio da sonda	0.024495	m³
CIMENTO	214,11 kg/m³	5,23 kg	p/cimento (em sacos)	5.04	
ASH	23,79 kg/m³	0,60 kg	R a/c da conceção p a/c do local de construção	0.87	
ÁGUA	204,52 kg/m³	5,01 kg		0.86	
ARENA	1644,43	40,29 kg			
COM PITI LLO	kg/m³	3,97 kg			
BETÃO RECICLADO	162,42 kg/m³	0,46 kg			
	18,05 kg/m³				

VII). Dosagem volumétrica (materiais com humidade natural)

	Cimento	Areia	Confidilo	Cinzas	Betão R.	Água	
Em saco de 1 pé3 P	1.0	7.68	0.76	0.11	0.08	40,60	Lts/ft³
Em saco de 1 pé3 V	1.0	8.10	0.88	0.13	0.10	40.60	Lts/ft³

Nota: Esta tabela mostra o projeto de mistura e a dosagem com a adição de 10% de RCBCACR.

Projeto de mistura ACI 211: Com adição de 15% de RCBCACR

I.) Dados agregados grosseiros   Confidilo

01.-	Tamanho nominal máximo	3/8"	em.
02.-	Peso específico da massa seca	2630.32	Kg/m³
03.-	Peso unitário compactado a seco	1415.17	Kg/m³
04.-	Peso unitário seco e solto	1288.92	Kg/m³
05.-	Teor de humidade	0.72	%
06.-	Teor de absorção	0.63	%

II.) Dados agregados finos — **Areia grossa**

07.-	Peso específico da massa seca	2519.27	Kg/m³
08.-	Peso unitário seco e solto	1422.09	Kg/m³
09.-	Teor de humidade	1.98	%

| 10.- | Teor de absorção | | 1.83 | % |
| 11.- | Módulo de finura (sem dimensões) | | 2.91 | |

III.) Mistura e outros dados

12.-	Relação água-cimento		$R^{a/c}$ 0.87	
13.-	Liquidação		1-2 Em.	
14.-	Unidade de volume de água	Água potável na zona	207 L/m^3	
15.-	Conteúdo de ar aprisionado		3 %	
16.-	Volume de agregado grosso		0.44898	m^3
17.-	Gravidade específica do cimento	QHUNA TIPO I	3850 Kg/m^3	

IV.) Cálculo dos volumes absolutos, correção da humidade e abastecimento de água

a.- C e m e n t o s	237.90	0.062			
b.- A g u a	207.00	0.207	Correção da humidade Água		Eficaz
c.- A i r e	3.0	0.030			
d.- A r e n a	1156.34	0. 4591612.	561644. 432.3		
e.- C o n f i t i l l o d e	635,39	0.242 179.17	180.47	0.17	
	2240	1.000		2.48	

V.) Resultado final da conceção (húmido) — 0.541   **VI.) Ronda de ensaio por tubo de ensaio** — 0.024495 m^3

CIMENTO	202,22 kg/m^3	4,93 kg	p/cimento (em sacos)	4.76
ASH	35,69 kg/m^3	0,90 kg		
ÁGUA	204,52 kg/m^3	5,01 kg	p a/c de desenho	0.87
ARENA	1644,43 kg/m^3	40,29 kg	ar condicionado no local	0.86
CONFITILLO	153,40 kg/m^3	3,74 kg		
BETÃO RECICLADO	27,07 kg/m^3	0,69 kg		

VII). Dosagem volumétrica (materiais com humidade natural)

	Cimento	Areia	Confitillo	Ceniza	Betão R.	Água	
Em saco de 1 pé3 P	1.0	8.13	0.760	.18	0.13	42.98	Lts/ft^3
Em saco de 1 pé3 V	1.0	8.58	0.880	.21	0.16	42.98	Lts/ft^3

Nota: Esta tabela mostra o projeto de mistura e a dosagem com a adição de 15% de RCBCACR.

Dosagem do agregado para um lote de 5 amostras.

% ADIÇÃO	% DE ADIÇÃO DE RESÍDUOS DE CINZAS DE BAGAÇO DE CANA-DE-AÇÚCAR E DE BETÃO RECICLADO A UTILIZAR NA CONCEPÇÃO DE LOTES DE 5 AMOSTRAS					
	CIMENTO (KG)	CINZA (KG)	ÁGUA (LTS)	AREIA (KG)	CANDY (KG)	BETÃO RECICLADO (KG)
0%	5.83	0.00	5.01	40.29	4.43	0.00
5%	5.53	0.30	5.01	40.29	4.20	0.23
10%	**5.23**	**0.60**	**5.01**	**40.29**	**3.97**	**0.46**
15%	4.93	0.90	5.01	40.29	3.74	0.69

Nota: Esta tabela mostra a dosagem com adição de RCBCACR a 0%, 5%, 10% e 15%, para um lote de 5 amostras.

Quadro 6

Percentagem de adição de RCBCACR.

% ADICIONAMENTO	% DE ADIÇÃO DE RESÍDUOS DE CINZAS DE BAGAÇO DE CANA-DE-AÇÚCAR AÇÚCAR E BETÃO RECICLADO A UTILIZAR NO LOCAL POR 42,5 KG DE SACO DE CIMENTO					
	CIMENTO	CINZA	ÁGUA	AREIA	CANDY (KG)	BETÃO RECICLADO

	(KG)	(KG)	(LTS)	(KG)	(KG)	(KG)
0%	42.50	40.36	38.24	36.10	42.50	40.36
5%	0.00	2.13	4.27	6.40	0.00	2.13
10%	**36.54**	**36.54**	**36.54**	**36.54**	**36.54**	**36.54**
15%	293.77	293.77	293.77	293.77	293.77	293.77

Nota: Esta tabela mostra a dosagem para um saco de cimento de 42,50 kg para cada dosagem de 0%, 5%, 10% e 15% de adição de RCBCACR.

Resistência à compressão de cada amostra com 0% de adição de RCBCARC

Nº de Testemunhas	Descrição	Data da Moldagem	Data da rutura/Quebra	Idade (dias)	Comprimento (cm)	Largura (cm)	Elevado (cm)	Espessura (cm)	Área (cm²)	Carga Kg	Resistência obtida F'b (kg/cm²)	Resistência média F'b (kg/cm²)	Resistência F'b de projeto (kg/cm²)	%
1.00	C - 0% Cinzas e R.C.	29/05/2023	5/06/2023	7	39.50	12.00	19.80	2.50	267.50	11.790,00	44.07			
2.00	C - 0% Cinzas e R.C.	29/05/2023	5/06/2023	7	39.40	11.90	19.80	2.60	274.56	10.490,00	38.21			
3.00	C - 0% Cinzas e R.C.	29/05/2023	5/06/2023	7	39.40	11.80	19.90	2.40	256.32	11.410,00	44.51			
4.00	C - 0% Cinzas e R.C.	29/05/2023	5/06/2023	7	39.60	12.00	19.80	2.50	268.00	10.920,00	40.75			
5.00	C - 0% Cinzas e R.C.	29/05/2023	5/06/2023	7	39.50	12.00	19.80	2.30	249.78	11.600,00	46.44	39.51	50.00	79%
6.00	C - 0% Cinzas e R.C.	29/05/2023	12/06/2023	14	39.30	11.90	19.90	2.60	274.04	12.370,00	45.14			
7.00	C - 0% Cinzas e R.C.	29/05/2023	12/06/2023	14	39.40	11.90	19.70	2.30	248.40	13.510,00	54.39			
8.00	C - 0% Cinzas e R.C.	29/05/2023	12/06/2023	14	39.40	12.00	19.80	2.50	267.00	13.390,00	50.15			
9.00	C - 0% Cinzas e R.C.	29/05/2023	12/06/2023	14	39.50	11.90	19.80	2.40	257.76	12.250,00	47.52			
10.00	C - 0% Cinzas e R.C.	29/05/2023	12/06/2023	14	39.50	12.00	19.90	2.50	267.50	12.970,00	48.49	45.69	50.00	91%
11.00	C - 0% Cinzas e R.C.	29/05/2023	26/06/2023	28	39.40	11.80	19.80	2.60	273.52	14.450,00	52.83			
12.00	C - 0% Cinzas e R.C.	29/05/2023	26/06/2023	28	39.40	12.00	19.90	2.50	267.00	13.770,00	51.57			
13.00	C - 0% Cinzas e R.C.	29/05/2023	26/06/2023	28	39.50	11.90	19.80	2.40	256.80	13.530,00	52.69			

Nº de testemunhas	Descrição	Moldagem	Quebra	Idade (dias)	Comprimento (cm)	Largura (cm)	Elevação do (cm)	Espessura (cm)	Área (cm2)	Carga Kg	[2]Resistência obtida F'b (kg/cm)	[2]F'b médio (kg/cm)	[2]Resistência F'b de projeto (kg/cm)	%
14.00	C - 0% Cinzas e R.C.	29/05/2023	26/06/2023	28	39.50	11.80	19.70	2.30	248.86	14.370,00	57.74			
15.00	C - 0% Cinzas e R.C.	29/05/2023	26/06/2023	28	39.40	11.90	19.80	2.50	230.16	14.110,00	61.31	51.08	50.00	102 %

Nota: Esta tabela mostra a adição de 0% de RCBCACR, tendo uma resistência à compressão de 51,08 kg/cm aos 28 dias.

Resistência à compressão de cada amostra com 5% de adição de RCBCARC

Nº de testemunhas	Descrição	Data da rutura – Moldagem	Quebra	Idade (dias)	Comprimento (cm)	Largura (cm)	Elevação do (cm)	Espessura (cm)	Área (cm2)	Carga Kg	[2]Resistência obtida F'b (kg/cm)	[2]F'b médio (kg/cm)	[2]Resistência F'b de projeto (kg/cm)	%
1.00	C - 5% Cinzas e R.C.	30/05/2023	6/06/2023	7	39.40	12.00	19.90	2.40	258.24	10.250,00	39.69			
2.00	C - 5% Cinzas e R.C.	30/05/2023	6/06/2023	7	39.40	12.00	19.90	2.30	249.32	10.800,00	43.32			
3.00	C - 5% Cinzas e R.C.	30/05/2023	6/06/2023	7	39.50	11.90	19.80	2.50	266.50	10.070,00	37.79			
4.00	C - 5% Cinzas e R.C.	30/05/2023	6/06/2023	7	39.40	12.00	19.80	2.50	267.00	10.750,00	40.26			
5.00	C - 5% Cinzas e R.C.	30/05/2023	6/06/2023	7	39.50	12.00	19.90	2.50	267.50	11.600,00	43.36	38.46	50.00	77 %
t 6.00	C - 5% Cinzas e R.C.	30/05/2023	13/06/2023	14	39.60	11.90	19.80	2.60	275.60	10.410,00	37.77			
7.00	C - 5% Cinzas e R.C.	30/05/2023	13/06/2023	14	39.40	11.90	19.80	2.40	257.28	11.430,00	44.43			
8.00	C - 5% Cinzas e R.C.	30/05/2023	13/06/2023	14	39.60	12.00	19.80	2.50	268.00	11.300,00	42.16			
9.00	C - 5% Cinzas e R.C.	30/05/2023	13/06/2023	14	39.50	11.90	19.70	2.50	266.50	12.650,00	47.47			
10.00	C - 5% Cinzas e R.C.	30/05/2023	13/06/2023	14	39.50	11.80	19.90	2.40	256.80	10.520,00	40.97	38.91	50.00	78 %
11.00	C - 5% Cinzas e R.C.	30/05/2023	27/06/2023	28	39.40	12.00	19.90	2.50	267.00	11.910,00	44.61			
12.00	C - 5% Cinzas e R.C.	30/05/2023	27/06/2023	28	39.40	11.90	19.80	2.60	274.56	13.130,00	47.82			
13.00	C - 5% Cinzas e R.C.	30/05/2023	27/06/2023	28	39.50	12.00	19.80	2.50	267.50	11.600,00	43.36			
14.00	C - 5% Cinzas e R.C.	30/05/2023	27/06/2023	28	39.50	12.00	19.90	2.40	258.	11.07	42.79			

Nº de testemunhas	Descrição	Data da rutura Moldagem	Quebra	Idade (dias)	Comprimento (cm)	Largura (cm)	Elevado (cm)	Espessura (cm)	Área (cm2)	Carga Kg	[2]Resistência obtida F'b (kg/cm)	[2]Resistência média F'b (kg/cm)	[2]Resistência F'b de projeto (kg/cm)	%
	Cinzas e R.C.	023	023							72 0.00				
15.00	C - 5% Cinzas e R.C.	30/05/2023	27/06/2023	28	39.40	12.00	19.90	2.60	275.60	12160.00	44.12	42.58	50.00	85%

[2]Nota: Esta tabela mostra a adição de 5% de RCBCACR, tendo uma resistência à compressão de 42,58 kg/cm aos 28 dias.

Resistência à compressão de blocos de betão com 0% de aditivo para betão RCBCACR.

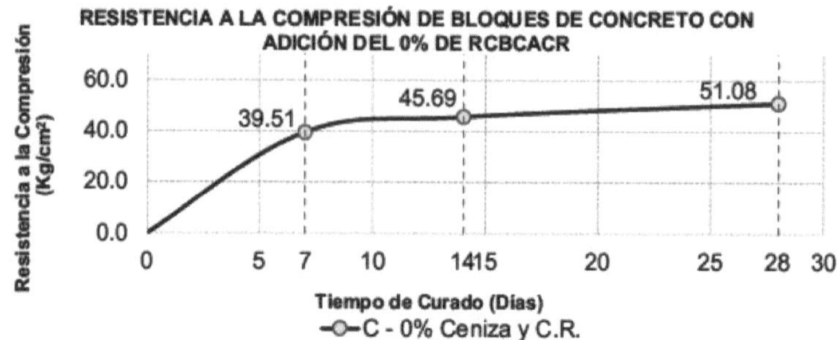

[2]Nota: Esta figura mostra a adição de 0% de RCBCACR, com uma resistência à compressão de 51,08 kg/cm aos 28 dias, sendo a nossa amostra padrão.

Figura 11

Resistência à compressão de blocos de betão com 5% de mistura de betão RCBCACR.

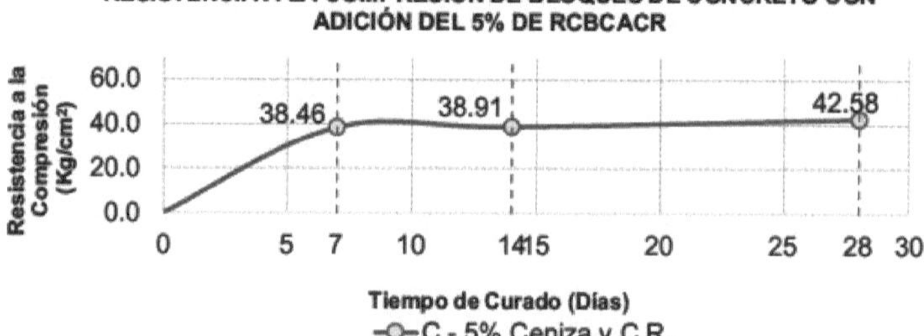

[2]Nota: Esta figura mostra a adição de 5% de RCBCACR, tendo uma resistência à compressão de 42,58 kg/cm aos 28 dias, abaixo da amostra padrão.

Resistência à compressão de cada amostra com 10% de adição de RCBCARC

Nº de testemunhas	Descrição	Data da rutura Moldagem	Quebra	Idade (dias)	Comprimento (cm)	Largura (cm)	Elevado (cm)	Espessura (cm)	Área (cm2)	Carga Kg	[2]Resistência obtida F'b (kg/cm)	[2]Resistência média F'b (kg/cm)	[2]Resistência F'b de projeto (kg/cm)	%
1.00	C - 10% Cinzas e C.R.	30/05/2023	6/06/2023	7	39.50	11.90	19.80	2.50	262.15	11840.00	45.16			
2.00	C-10%	30/05/	6/06/2	7	39.50	11.9	19.80	2.60	275.	10800.00	39.26			

Nº	Material	Data 1	Data 2	Idade											
	de cinzas e C.R.	2023	023			0				08	0.00				
3.00	C-10% de cinzas e C.R.	30/05/2023	6/06/2023	7	39.50	11.90	19.90	2.60	275.08	12.48	0.00	45.37			
4.00	C-10% de cinzas e C.R.	30/05/2023	6/06/2023	7	39.40	12.00	19.90	2.50	267.00	12.19	0.00	45.66			
5.00	C-10% de cinzas e C.R.	30/05/2023	6/06/2023	7	39.50	12.00	19.80	2.50	267.50	11.50	0.00	42.99	41.00	50.00	82%
6.00	C-10% de cinzas e C.R.	30/05/2023	13/06/2023	14	39.40	12.00	19.70	2.50	267.00	13.08	0.00	48.99			
7.00	C-10% de cinzas e C.R.	30/05/2023	13/06/2023	14	39.50	12.00	19.90	2.30	249.78	13.36	0.00	53.49			
8.00	C-10% de cinzas e C.R.	30/05/2023	13/06/2023	14	39.40	11.90	19.80	2.50	266.00	12.40	0.00	46.62			
9.00	C-10% de cinzas e C.R.	30/05/2023	13/06/2023	14	39.60	11.90	19.80	2.40	258.24	13.52	0.00	52.35			
10.00	C-10% de cinzas e C.R.	30/05/2023	13/06/2023	14	39.50	12.00	19.80	2.40	258.72	12.98	0.00	50.17	47.60	50.00	95%
11.00	C-10% de cinzas e C.R.	30/05/2023	27/06/2023	28	39.40	11.80	19.90	2.50	265.00	16.54	0.00	62.42			
12.00	C-10% de cinzas e C.R.	30/05/2023	27/06/2023	28	39.50	12.00	19.90	2.40	258.72	15.73	0.00	60.80			
13.00	C-10% de cinzas e C.R.	30/05/2023	27/06/2023	28	39.40	12.00	19.80	2.60	275.60	16.49	0.00	59.83			
14.00	C-10% 2023	30/05/2023	27/06/2023	28	39.60	11.90	19.80	2.50	267.00	14.44	0.00	54.08			

Nº de testemunhas	Descrição	Data da rutura Moldagem	Quebra	Idade (dias)	Comprimento (cm)	Largura (cm)	Elevado (cm)	Espessura (cm)	Área (cm2)	Carga Kg	[2]Resistência obtida F'b (kg/cm)	[2]Resistência média F'b (kg/cm)	[2]Resistência F'b de projeto (kg/cm)	%
15.00	C - 10% de cinzas e C.R.	30/05/2023	27/06/2023	28	39.60	11.90	19.80	2.50	267.00	14140.00	52.96	53.79	50.00	108%

[2]Nota: Esta tabela mostra a adição de 10% de RCBCACR, tendo uma resistência à compressão de 53,79 kg/cm aos 28 dias.

Resistência à compressão de cada amostra com 15% de adição de RCBCARC

Nº de testemunhas	Descrição	Data da rutura Moldagem	Quebra	Idade (dias)	Comprimento (cm)	Largura (cm)	Elevado (cm)	Espessura (cm)	Área (cm2)	Carga Kg	[2]Resistência obtida F'b (kg/cm)	[2]Resistência média F'b (kg/cm)	[2]Resistência F'b de projeto (kg/cm)	%
1.00	C-15% Cinza e C.R.	30/05/2023	6/06/2023	7	39.50	12.00	19.90	2.40	258.72	11300.00	43.68			
2.00	C-15% Cinza e C.R.	30/05/2023	6/06/2023	7	39.40	11.80	19.80	2.50	265.00	10450.00	39.43			
3.00	C-15% Cinza e C.R.	30/05/2023	6/06/2023	7	39.50	11.80	19.80	2.60	274.04	10460.00	38.17			
4.00	C-15% Cinza e C.R.	30/05/2023	6/06/2023	7	39.60	11.90	19.80	2.50	256.47	10620.00	41.41			
5.00	C-15% Cinza e C.R.	30/05/2023	6/06/2023	7	39.50	11.90	19.90	2.50	262.15	11600.00	44.25	38.76	50.00	78%
6.00	C-15% Cinza e C.R.	30/05/2023	13/06/2023	14	39.50	11.80	19.80	2.50	263.77	10520.00	39.88			
* 7.00	C-15% Cinza e C.R.	30/05/2023	13/06/2023	14	39.40	12.00	19.80	2.50	267.00	11820.00	44.27			
8.00	C-15% Cinza e C.R.	30/05/2023	13/06/2023	14	39.40	12.00	19.90	2.60	275.60	11430.00	41.47			
9.00	C-15% Cinza e C.R.	30/05/2023	13/06/2023	14	39.50	11.90	19.90	2.60	275.08	12480.00	45.37			
10.00	C-15% Cinza e C.R.	30/05/2023	13/06/2023	14	39.60	11.90	19.80	2.50	267.00	12020.00	45.02	40.80	50.00	82%
11.00	C-15% Cinza e C.R.	30/05/2023	27/06/2023	28	39.50	11.80	19.80	2.60	274.04	12370.00	45.14			
12.00	C-15% Cinza e C.R.	30/05/2023	27/06/2023	28	39.40	12.00	19.90	2.60	275.60	13390.00	48.58			
13.00	C-15% Cinza e C.R.	30/05/2023	27/06/2023	28	39.50	12.00	19.80	2.50	267.50	13530.00	50.58			

| 14.00 | C-15% Cinza e C.R. | 30/05/ 2023 | 27/06/ 2023 | 28 | 39.50 | 11.9 0 | 19.80 | 2.60 | 275. 08 | 13.66 0.00 | 49.66 | | | |
| 15.00 | C-15% Cinza e C.R. | 30/05/ 2023 | 27/06/ 2023 | 28 | 39.40 | 11.9 0 | 19.90 | 2.60 | 274. 56 | 13.08 0.00 | 47.64 | 46.23 | 50.00 | 92 % |

[2]Nota: Esta tabela mostra a adição de 15% de RCBCACR, tendo uma resistência à compressão de 46,23 kg/cm aos 28 dias.

Resistência à compressão de blocos de betão com 10% de mistura de betão RCBCACR.

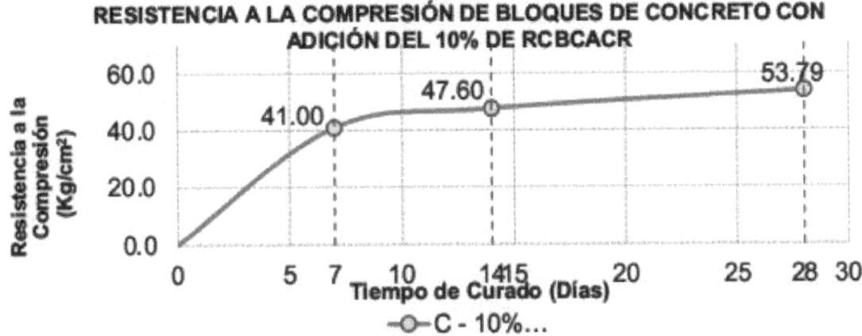

[2]Nota: Esta figura mostra a adição de 10% de RCBCACR, tendo uma resistência à compressão de 53,79 kg/cm aos 28 dias, acima da amostra padrão.

Figura 13

Resistência à compressão de blocos de betão com 15% de adição de RCBCACR.

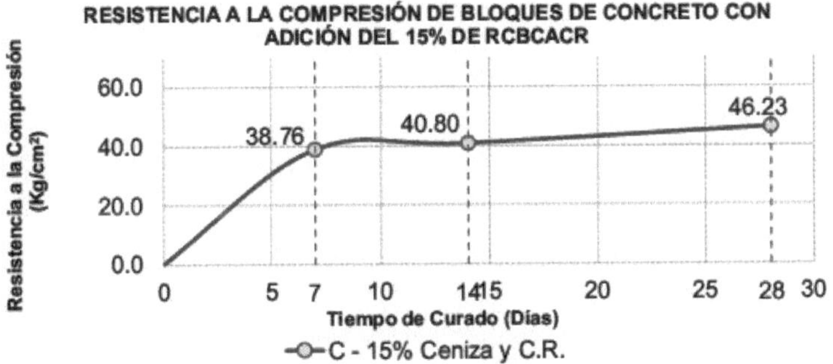

[2]Nota: Esta figura mostra a adição de 15% de RCBCACR, tendo uma resistência à compressão de 46,23 kg/cm aos 28 dias, abaixo da amostra padrão.

Resistência à compressão consolidada de amostras com 0%, 5%, 10%, 15%) de adição de RCBCARC

Descrição	Data da rutura		Idade (dias)	[2]Resistência média F'b (kg/cm)	[2]Resistência F'b de projeto (kg/cm)	(%)
	Moldagem	Quebra				
C - 0% Cinzas e R.C.	29/05/2023	5/06/2023	7.00	39.51	-	-
C - 0% Cinzas e R.C.	29/05/2023	12/06/2023	14.00	45.69	-	-
C - 0% Cinzas e R.C.	29/05/2023	26/06/2023	28.00	51.08	-	-
C - 5% Cinzas e R.C.	30/06/2023	7/07/2023	7	38.46	51.08	75%

Amostra	Data	Data / Dias	Resistência	Padrão	%
C - 5% Cinzas e R.C.	30/06/2023	14/07/2023 14	38.91	51.08	76%
C - 5% Cinzas e R.C.	30/06/2023	28/07/2023 28	42.58	51.08	83%
C -10% de cinzas e C.R.	30/05/2023	6/06/2023 7	41.00	51.08	80%
C -10% de cinzas e C.R.	30/05/2023	13/06/2023 14	47.60	51.08	93%
C-10% de cinzas e C.R.	**30/05/2023**	**27/06/2023 28**	**53.79**	**51.08**	**105%**
C -15% Cinzas e C.R.	30/05/2023	6/06/2023 7	38.76	51.08	76%
C -15% Cinzas e C.R.	30/05/2023	13/06/2023 14	40.80	51.08	80%
C -15% Cinzas e C.R.	30/05/2023	27/06/2023 28	46.23	51.08	90%

[2]Nota: Esta tabela apresenta os resultados finais da resistência à compressão com adição de RCBCACR a 0%, 5%, 10% e 15%, para um lote de 5 amostras, sendo a dose de 10% a melhor resistência com 53,79 kg/cm .

Resistência à compressão de blocos de betão com adição de RCBCACR.

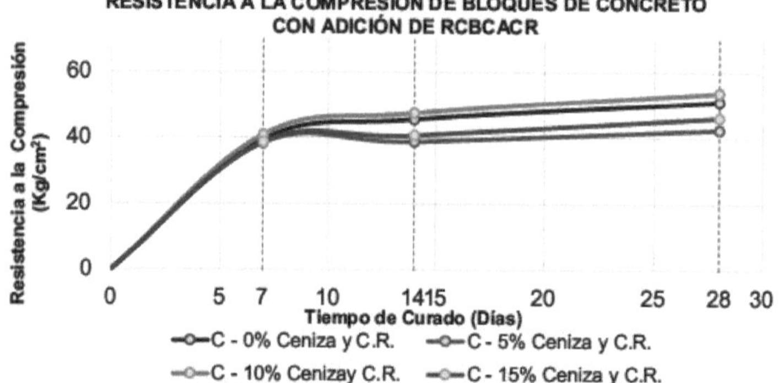

[2]Nota: Esta figura mostra que a adição de 10% de RCBCACR, supera as outras amostras em termos de resistência, tendo uma resistência à compressão de 53,79 kg/cm aos 28 dias, ainda mais elevada do que a amostra padrão.

Quadro 12

Resumo da resistência à compressão dos blocos de betão com adição de RCBCACR a 0%, 5%, 10% e 15%.

[2]FORÇA DE COMPRESSÃO (Kg/cm)		
Amostra	**7 dias**	**14 dias**	**28 dias**
0%	39.51	45.69	51.08
5%	38.46	38.91	42.58
10%	41.00	47.60	53.79
15%	38.76	40.80	46.23

[2]Nota: Esta tabela mostra um resumo da resistência à compressão das amostras onde a adição de 10% de RCBCACR, excede em resistência com 53,79 kg/cm aos 28 dias.

Resistência à compressão de blocos de betão com adição de RCBCACR.

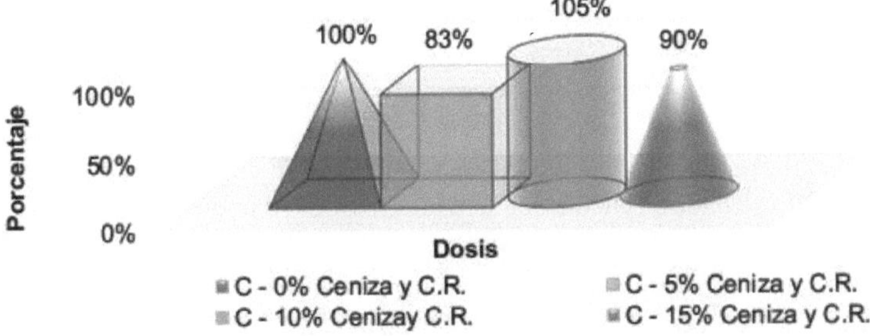

Nota: Esta figura apresenta os resultados em percentuais médios dos blocos de concreto com adição de RCBCACR em 5%, 10% e 15%, dos 3 grupos, a adição de 10% de RCBCACR aos 28 dias de idade é a que apresenta a maior resistência à compressão em relação aos demais grupos, superando inclusive a amostra padrão, concluindo com a hipótese geral e específica se cumprem, pois a resistência à compressão melhora significativamente com a adição de RCBCACR, além disso estão dentro da faixa de acordo com a Norma E.070. [2]que indica que a resistência mínima para blocos estruturais deve ser de 50kg/cm . Conclui-se que a adição de 10% de RCBCACR é a mais óptima e pode funcionar como bloco NP e P, e que, se a adição de 10% for diminuída ou aumentada, a resistência à compressão diminui.

Quadro 13

Resistência à flexão de cada provete com 0% de adição de RCBCARC

Descrição	Data Moldagem	Data Quebra	Idade (dias)	Comprimento (cm)	Largura (cm)	Altura (cm)	Vão livre entre apoios (cm)	Carga Kg	[2]Sr (Kg/cm)	[2]Sr médio (Kg/cm)
F - 0% Ash e C.R.	1/06/2023	8/06/2023	7	39.50	12.00	19.80	34.00	300	3.25	
F - 0% Ash e C.R.	1/06/2023	8/06/2023	7	39.40	12.00	19.90	34.00	210	2.25	
F - 0% Ash e C.R.	1/06/2023	8/06/2023	7	39.40	11.90	19.80	34.00	220	2.41	
F - 0% Ash e C.R.	1/06/2023	8/06/2023	7	39.50	11.90	19.70	34.00	320	3.53	
F - 0% Ash e C.R.	1/06/2023	8/06/2023	7	39.40	12.00	19.80	34.00	270	2.93	**2.87**
F - 0% Ash e C.R.	1/06/2023	15/06/2023	14	39.60	11.80	19.80	34.00	420	4.63	
F - 0% Ash e C.R.	1/06/2023	15/06/2023	14	39.40	11.90	19.90	34.00	360	3.90	
F - 0% Ash e C.R.	1/06/2023	15/06/2023	14	39.40	11.90	19.90	34.00	390	4.22	
F - 0% Ash e C.R.	1/06/2023	15/06/2023	14	39.50	11.80	19.80	34.00	410	4.52	
F - 0% Ash e C.R.	1/06/2023	15/06/2023	14	39.50	12.00	19.80	34.00	490	5.31	**4.52**
F - 0% Ash e C.R.	1/06/2023	29/06/2023	28	39.40	11.90	19.80	34.00	530	5.79	
F - 0% Ash e C.R.	1/06/2023	29/06/2023	28	39.50	11.90	19.90	34.00	510	5.52	

Descrição	Data Moldagem	Quebra	Idade	Comprimento (cm)	Largura (cm)	Altura (cm)	Vão livre entre apoios (cm)	Carga Kg	^{2}Sr (Kg/cm)	^{2}Sr médio (Kg/cm)
F - 0% Ash e C.R.	1/06/2023	29/06/2023	28	39.50	12.00	19.70	34.00	560	6.13	
F - 0% Ash e C.R.	1/06/2023	29/06/2023	28	39.40	12.00	19.80	34.00	580	6.29	
F - 0% Ash e C.R.	1/06/2023	29/06/2023	28	39.50	12.00	19.90	34.00	490	5.26	**5.80**

[2]Nota: Esta tabela mostra a adição de 0% de RCBCACR, com uma resistência à flexão de 5,80 kg/cm aos 28 dias, sendo a nossa amostra padrão.

Quadro 14

Resistência à flexão de cada provete com 5% de adição de RCBCARC

Nº de testemunhas	Descrição	Data Moldagem	Quebra	Idade (dias)	Comprimento (cm)	Largura (cm)	Altura (cm)	Vão livre entre apoios (cm)	Carga Kg	^{2}Sr (Kg/cm)	^{2}Sr médio (Kg/cm)
1	F - 5% Cinzas e R.C.	1/06/2023	8/06/2023	7	39.30	12.00	19.90	34.00	200	2.15	
2	F - 5% Cinzas e R.C.	1/06/2023	8/06/2023	7	39.50	11.90	19.80	34.00	180	1.97	
3	F - 5% Cinzas e R.C.	1/06/2023	8/06/2023	7	39.50	12.00	19.80	34.00	140	1.52	
4	F - 5% Cinzas e R.C.	1/06/2023	8/06/2023	7	39.40	12.00	19.70	34.00	210	2.30	
5	F - 5% Cinzas e R.C.	1/06/2023	8/06/2023	7	39.50	12.00	19.80	34.00	190	2.06	**2.00**
6	F - 5% Cinzas e R.C.	1/06/2023	15/06/2023	14	39.35	11.90	19.90	34.00	320	3.46	
7	F - 5% Cinzas e R.C.	1/06/2023	15/06/2023	14	39.50	12.00	19.90	34.00	270	2.90	
8	F - 5% Cinzas e R.C.	1/06/2023	15/06/2023	14	39.40	12.00	19.80	34.00	380	4.12	
9	F - 5% Cinzas e R.C.	1/06/2023	15/06/2023	14	39.50	11.90	19.80	34.00	300	3.28	
10	F - 5% Cinzas e R.C.	1/06/2023	15/06/2023	14	39.40	11.90	19.80	34.00	390	4.26	**3.60**
11	F - 5% Cinzas e R.C.	1/06/2023	29/06/2023	28	39.50	12.00	19.90	34.00	350	3.76	
12	F - 5% Cinzas e R.C.	1/06/2023	29/06/2023	28	39.40	12.00	19.80	34.00	480	5.20	
13	F - 5% Cinzas e R.C.	1/06/2023	29/06/2023	28	39.50	11.90	19.80	34.00	400	4.37	
14	F - 5%	1/06/2023	29/06/2023	28	39.50	11.90	19.70	34.00	420	4.64	

Nº de testemunhas	Descrição	Data Moldagem	Quebra	Idade (dias)	Comprimento (cm)	Largura (cm)	Altura (cm)	Vão livre entre apoios (cm)	Carga Kg	Sr. [2](Kg/cm)	[2]Sr. médio (Kg/cm)
	Cinzas e R.C.			3							
15	F - 5% Cinzas e R.C.	1/06/2023	29/06/2023	28	39.40	12.00	19.80	34.00	390	4.23	**4.44**

[2]Nota: Esta tabela mostra a adição de 5% de RCBCACR, com uma resistência à flexão de 4,44 kg/cm aos 28 dias, abaixo da amostra padrão.

Resistência à flexão de blocos de betão com 0% de adição de RCBCACR.

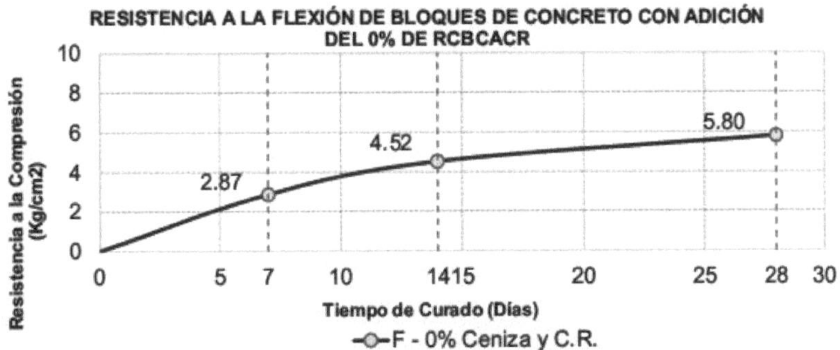

[2]Nota: Esta figura mostra a adição de 0% de RCBCACR, com uma resistência à flexão de 5,80 kg/cm aos 28 dias, utilizada como dados de amostra padrão.

Figura 17

Resistência à flexão de blocos de betão com adição de 5% de RCBCACR

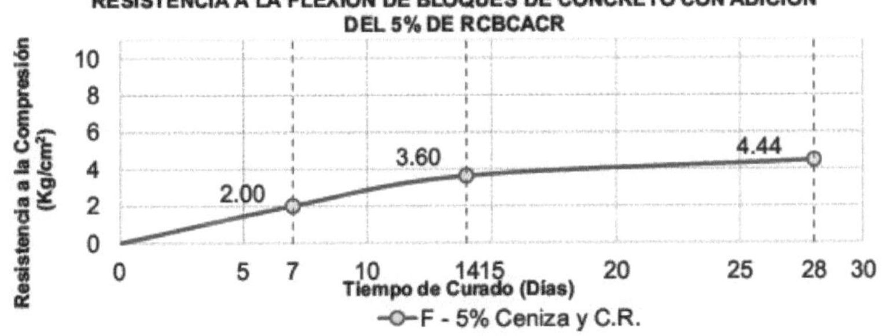

[2]Nota: Esta figura mostra a adição de 5% de RCBCACR, com uma resistência à flexão de 4,44 kg/cm aos 28 dias, abaixo da amostra padrão.

Quadro 15

Resistência à flexão de cada provete com 10% de adição de RCBCARC

Nº de testemunhas	Descrição	Data Moldagem	Quebra	Idade (dias)	Comprimento (cm)	Largura (cm)	Altura (cm)	Vão livre entre apoios (cm)	Carga Kg	Sr. [2](Kg/cm)	[2]Sr. médio (Kg/cm)
1	F -10% Cinzas e C.R.	1/06/2023	8/06/2023	7	39.60	11.90	19.90	34.00	280	3.03	
2	F -10%	1/06/2023	8/06/2023	7	39.40	11.90	19.80	34.00	230	2.51	

Nº de testemunhas	Descrição	Data Moldagem	Data Quebra	Idade (dias)	Comprimento (cm)	Largura (cm)	Altura (cm)	Vão livre entre apoios (cm)	Carga Kg	Sr. (Kg/cm)	Sr. médio (Kg/cm)
3	F -10% Cinzas e C.R.	1/06/2023	8/06/2023	7	39.40	11.80	19.80	34.00	290	3.20	
4	F -10% Cinzas e C.R.	1/06/2023	8/06/2023	7	39.60	11.90	19.90	34.00	300	3.25	
5	F -10% Cinzas e C.R.	1/06/2023	8/06/2023	7	39.50	12.00	19.90	34.00	360	3.86	**3.17**
6	F -10% Cinzas e C.R.	1/06/2023	15/06/2023	14	39.50	11.90	19.70	34.00	390	4.31	
7	F -10% Cinzas e C.R.	1/06/2023	15/06/2023	14	39.40	11.80	19.80	34.00	490	5.40	
8	F -10% Cinzas e C.R.	1/06/2023	15/06/2023	14	39.50	11.90	19.80	34.00	380	4.15	
9	F -10% Cinzas e C.R.	1/06/2023	15/06/2023	14	39.40	12.00	19.70	34.00	410	4.49	
10	F -10% Cinzas e C.R.	1/06/2023	15/06/2023	14	39.40	11.80	19.90	34.00	430	4.69	**4.61**
11	F -10% Cinzas e C.R.	1/06/2023	29/06/2023	28	39.60	11.80	19.90	34.00	550	6.00	
12	F -10% Cinzas e C.R.	1/06/2023	29/06/2023	28	39.40	12.00	19.80	34.00	580	6.29	
13	F -10% Cinzas e C.R.	1/06/2023	29/06/2023	28	39.40	11.90	19.80	34.00	490	5.36	
14	F -10% Cinzas e C.R.	1/06/2023	29/06/2023	28	39.50	12.00	19.90	34.00	650	6.98	
15	F -10% Cinzas e C.R.	1/06/2023	29/06/2023	28	39.50	12.00	19.90	34.00	590	6.33	**6.19**

[2]Nota: Esta tabela mostra a adição de 10% de RCBCACR, tendo uma resistência à flexão de 6,19 kg/cm aos 28 dias, sendo superior à amostra padrão.

Quadro 16

Resistência à flexão de cada provete com 15% de adição de RCBCARC

Nº de testemunhas	Descrição	Data Moldagem	Data Quebra	Idade (dias)	Comprimento (cm)	Largura (cm)	Altura (cm)	Vão livre entre apoios (cm)	Carga Kg	Sr. (Kg/cm)	[2]Sr. médio (Kg/cm)
1	F -15% Cinzas e C.R.	1/06/2023	8/06/2023	7	39.50	11.90	19.90	34.00	190	2.06	

Nº	Amostra	Data moldagem	Data ensaio	Idade (dias)						Média
2	F -15% Cinzas e C.R.	1/06/2023	8/06/2023	7	39.60	11.90	19.80	34.00	370	4.04
3	F -15% Cinzas e C.R.	1/06/2023	8/06/2023	7	39.50	12.00	19.80	34.00	130	1.41
4	F -15% Cinzas e C.R.	1/06/2023	8/06/2023	7	39.50	11.90	19.80	34.00	210	2.30
5	F -15% Cinzas e C.R.	1/06/2023	8/06/2023	7	39.50	12.00	19.90	34.00	140	1.50	**2.26**
6	F -15% Cinzas e C.R.	1/06/2023	15/06/2023	14	39.40	11.80	19.70	34.00	480	5.35
7	F -15% Cinzas e C.R.	1/06/2023	15/06/2023	14	39.40	12.00	19.80	34.00	510	5.53
8	F -15% Cinzas e C.R.	1/06/2023	15/06/2023	14	39.50	12.00	19.80	34.00	300	3.25
9	F -15% Cinzas e C.R.	1/06/2023	15/06/2023	14	39.40	11.90	19.80	34.00	140	1.53
10	F -15% Cinzas e C.R.	1/06/2023	15/06/2023	14	39.40	12.00	19.90	34.00	310	3.33	**3.80**
11	F -15% Cinzas e C.R.	1/06/2023	29/06/2023	28	39.50	12.00	19.70	34.00	450	4.93
12	F -15% Cinzas e C.R.	1/06/2023	29/06/2023	28	39.40	11.90	19.70	34.00	530	5.85
13	F -15% Cinzas e C.R.	1/06/2023	29/06/2023	28	39.60	12.00	19.90	34.00	410	4.40
14	F -15% Cinzas e C.R.	1/06/2023	29/06/2023	28	39.50	11.90	19.80	34.00	480	5.25
15	F -15% Cinzas e C.R.	1/06/2023	29/06/2023	28	39.40	11.90	19.80	34.00	520	5.68	**5.22**

[2]Nota: Esta tabela mostra que a adição de 15% de RCBCACR, com uma resistência à flexão de 5,22 kg/cm aos 28 dias, é inferior à amostra padrão.

Resistência à flexão de blocos de betão com 10% de adição de RCBCACR.

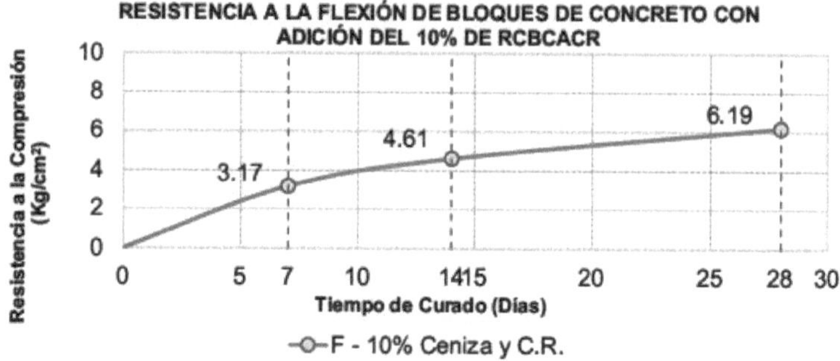

[2]Nota: Esta figura mostra que a adição de 10% de RCBCACR, supera as outras amostras em termos de resistência, tendo uma resistência à flexão de 6,19 kg/cm aos 28 dias, acima da amostra padrão.

Figura 19

Resistência à flexão de blocos de betão com 15% de adição de RCBCACR.

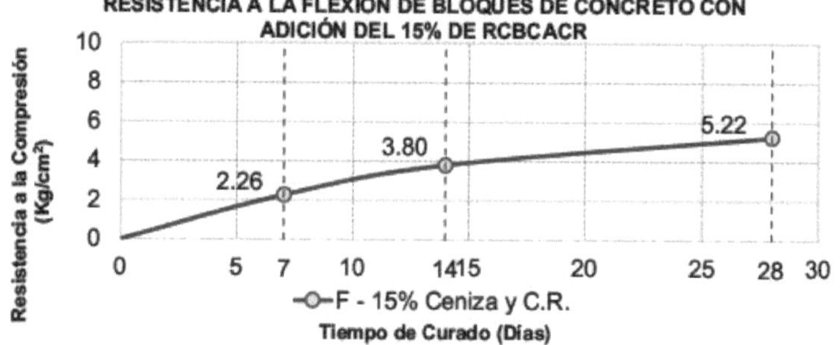

[2]Nota: Esta figura mostra que a adição de 15% de RCBCACR, não excede a resistência da amostra padrão, tendo uma resistência à flexão de 5,22 kg/cm aos 28 dias.

Resistência à flexão consolidada de amostras com 0%, 5%, 10% 15°/o de adição de RCBCARC

| Descrição | Data da rutura | | Idade | [2]Sr médio | [2]Sr. Projeto | % |
	Moldagem	Quebra	(dias)	(Kg/cm)	(Kg/cm)	
F - 0% Ash e C.R.	1/06/2023	8/06/2023	7	2.9	-	-
F - 0% Ash e C.R.	1/06/2023	15/06/2023	14	4.5	-	-
F - 0% Ash e C.R.	1/06/2023	29/06/2023	28	5.8		
F - 5% Cinzas e R.C.	1/06/2023	8/06/2023	7	2.0	5.8	34%
F - 5% Cinzas e R.C.	1/06/2023	15/06/2023	14	3.6	5.8	62%
F - 5% Cinzas e R.C.	1/06/2023	29/06/2023	28	4.4	5.8	77%
F -10% Cinzas e C.R.	1/06/2023	8/06/2023	7	3.2	5.8	55%
F -10% Cinzas e C.R.	1/06/2023	15/06/2023	14	4.6	5.8	79%
F ■ 10% Cinzas e C.R.	**1/06/2023**	**29/06/2023**	**28**	**6.19**	**5.8**	**107%**
F -15% Cinzas e C.R.	1/06/2023	8/06/2023	7	2.3	5.8	39%
F -15% Cinzas e C.R.	1/06/2023	15/06/2023	14	3.8	5.8	65%

| F -15% Cinzas e C.R. | 1/06/2023 | 29/06/2023 | 28 | 5.2 | 5.8 | 90% |

[2]Nota: Esta tabela mostra os resultados finais da resistência à flexão com adição de RCBCACR a 0%, 5%, 10% e 15%, para um lote de 5 amostras, sendo a dose de 10% a melhor resistência com 6,19 kg/cm .

Resistência à flexão de blocos de betão com adição de RCBCACR.

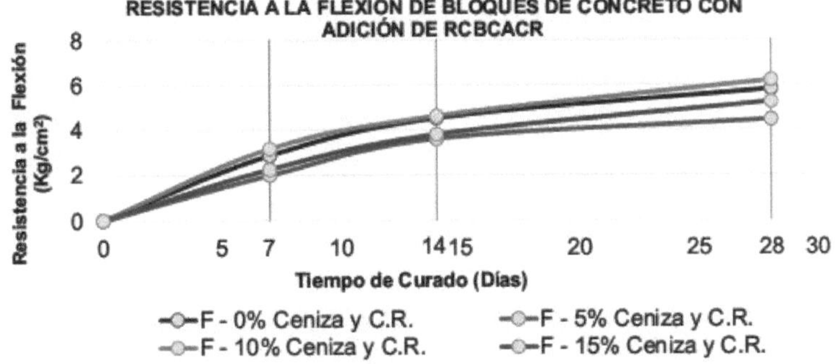

[2]Nota: Esta figura mostra os resultados finais da resistência à flexão com adição de RCBCACR a 0%, 5%, 10% e 15%, para um lote de 5 amostras, sendo a dose de 10% a melhor resistência com 6,19 kg/cm , acima da amostra padrão.

Quadro 18

Resumo da resistência à flexão de blocos de betão com adição de RCBCACR.

Amostra	[2]resistência à flexão (kg/cm)		
	7 dias	14 dias	28 dias
0%	2.87	4.52	5.80
5%	2.00	3.60	4.44
10%	**3.17**	**4.61**	**6.19**
15%	2.26	3.80	5.22

[2]Nota: Esta tabela mostra um resumo da resistência à flexão das amostras em que a adição de 10% de RCBCACR excede a resistência com 6,19 kg/cm aos 28 dias.

Resistência à flexão de blocos de betão com adição de RCBCACR.

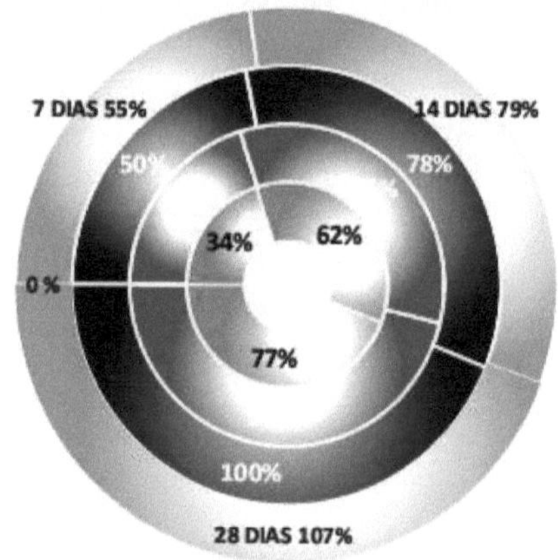

Nota: Esta figura reflecte a média dos resultados dos blocos de betão com adição de RCBCACR em 5. %, 10% e 15%, dos 3 grupos, onde a adição de 10% de RCBCACR aos 28 dias de idade, é a dose que ultrapassa a norma na resistência à flexão, concluindo com a hipótese geral e específica se cumprem uma vez que a resistência à flexão melhora significativamente com a adição de RCBCACR, passando para 15% começa a diminuir a resistência, da mesma forma se baixar para 5%, começa a diminuir a resistência.

Resistência à tração de cada amostra com 0% de adição de RCBCARC

Nº de testemun has	Descri ção	Data da rutura Moldag em	Quebra	Ida de (dia s)	Comprim ento (cm)	Larg ura (cm)	Eleva do (cm)	Corte do períme tro (cm)	Car ga (Kg)	[2]Resistê ncia à tração indireta (kg/cm)	[2]Resistê ncia média à tração indireta (kg/cm)	[2]Resistê ncia de projeto % (kg/cm)
01	T -0% Cinzas e R.C.	2/06/20 23	9/06/20 23	7	39.50	12.00	19.80	63.60	450. 00	1.18		
02	T -0% Cinzas e R.C.	2/06/20 23	9/06/20 23	7	39.40	11.90	19.90	63.60	470. 00	1.24		
03	T -0% Cinzas e R.C.	2/06/20 23	9/06/20 23	7	39.40	12.00	19.70	63.40	520. 00	1.37		
04	T -0% Cinzas e R.C.	2/06/20 23	9/06/20 23	7	39.50	11.90	19.80	63.40	490. 00	1.30		
05	T -0% Cinzas e R.C.	2/06/20 23	9/06/20 23	7	39.40	11.90	19.90	63.60	460. 00	1.22	1.19	
06	T -0% Cinzas e R.C.	2/06/20 23	16/06/2 023	14	39.30	12.00	19.80	63.60	450. 00	1.18		
07	T -0% Cinzas e R.C.	2/06/20 23	16/06/2 023	14	39.50	11.00	19.90	61.80	450. 00	1.32		

Nº de testemunhas	Descrição	Data da rutura	Data	Idade (dias)	Comprimento (cm)	Largura (cm)	Altura (cm)	Corte (cm)	Carga (Kg)	Resistência à Tração indireta (kg/cm)	Resistência média à tração indireta (kg/cm)
08	T -0% Cinzas e R.C.	2/06/2023	16/06/2023	14	39.50	9.00	19.90	57.80	420.00	1.61	
09	T -0% Cinzas e R.C.	2/06/2023	16/06/2023	14	39.40	12.00	19.80	63.60	430.00	1.13	
10	T -0% Cinzas e R.C.	2/06/2023	16/06/2023	14	39.30	12.00	19.70	63.40	450.00	1.18	1.09
11	T -0% Cinzas e R.C.	2/06/2023	30/06/2023	28	39.50	11.90	19.90	63.60	400.00	1.06	
12	T -0% Cinzas e R.C.	2/06/2023	30/06/2023	28	39.40	11.80	19.80	63.20	430.00	1.15	
13	T -0% Cinzas e R.C.	2/06/2023	30/06/2023	28	39.40	12.00	19.80	63.60	450.00	1.18	
14	T -0% Cinzas e R.C.	2/06/2023	30/06/2023	28	39.50	12.00	19.70	63.40	380.00	1.00	
15	T -0% Cinzas e R.C.	2/06/2023	30/06/2023	28	39.30	11.90	19.80	63.40	450.00	1.19	1.03

Nota: Esta tabela mostra a resistência à tração com adição de RCBCACR a 0%, para um lote de 5 amostras, sendo ^{2}a nossa amostra padrão com uma resistência de 1,03 kg/cm em 28 dias, além disso, pode ser visto que a resistência tem uma diminuição moderada, o que se deve ao facto de o bloco não funcionar sob tração.

Tabela 20

Resistência à tração de cada amostra com 5% de adição de RCBCARC

Nº de testemunhas	Data da rutura / Descrição (Quebra de moldes)			Idade (dias)	Perimeter				Carga (Kg)	Resistência a ^{2}Tração indireta (kg/cm)	Resistência a ^{2}Resistência cia média à tração indireta (kg/cm)	Resistência cia ^{2}Projeto (kg/cm)	%
					Comprimento (cm)	Largura (cm)	Altura (cm)	Corte (cm)					
01	T - 5% Cinzas e C.R.	2/06/2023	9/06/2023	7	39.40	11.90	19.90	63.60	420.00	1.11			
02	T - 5% Cinzas e C.R.	2/06/2023	9/06/2023	7	39.50	12.00	19.90	63.80	410.00	1.07			
03	T - 5% Cinzas e C.R.	2/06/2023	9/06/2023	7	39.50	12.00	19.80	63.60	410.00	1.07			
04	T - 5% Cinzas e C.R.	2/06/2023	9/06/2023	7	39.50	12.00	19.80	63.60	380.00	1.00			
05	T - 5% Cinzas e C.R.	2/06/2023	9/06/2023	7	39.40	12.00	19.90	63.80	400.00	1.04	1.02	1.03	98.55%

N°	Amostra	Data 1	Data 2	Dias									%
06	T - 5% Cinzas e C.R.	2/06/2023	16/06/2023	14	39.40	11.90	19.90	63.60	380.00	1.00			
07	T - 5% Cinzas e C.R.	2/06/2023	16/06/2023	14	39.50	11.90	19.80	63.40	410.00	1.09			
08	T - 5% Cinzas e C.R.	2/06/2023	16/06/2023	14	39.40	12.00	19.70	63.40	420.00	1.10			
09	T - 5% Cinzas e C.R.	2/06/2023	16/06/2023	14	39.50	12.00	19.90	63.80	400.00	1.04			
10	T - 5% Cinzas e C.R.	2/06/2023	16/06/2023	14	39.50	11.90	19.80	63.40	390.00	1.03	1.01	1.03	98.30%
11	T - 5% Cinzas e C.R.	2/06/2023	30/06/2023	28	39.40	12.00	19.80	63.60	410.00	1.07			
12	T - 5% Cinzas e C.R.	2/06/2023	30/06/2023	28	39.50	12.00	19.90	63.80	390.00	1.02			
13	T - 5% Cinzas e C.R.	2/06/2023	30/06/2023	28	39.50	11.90	19.90	63.60	320.00	0.85			
14	T - 5% Cinzas e C.R.	2/06/2023	30/06/2023	28	39.50	11.90	19.80	63.40	380.00	1.01			
15	T - 5% Cinzas e C.R.	2/06/2023	30/06/2023	28	39.60	12.00	19.90	63.80	400.00	1.04	**0.91**	1.03	88.10%

[2]Nota: Esta tabela mostra a resistência à tração com a adição de RCBCACR a 5%, para um lote de 5 amostras, esta dosagem diminui a resistência para 0,91 kg/cm em 28 dias, não sendo adequada.

Resistência à tração de blocos de betão com 0% de adição de RCBCACR.

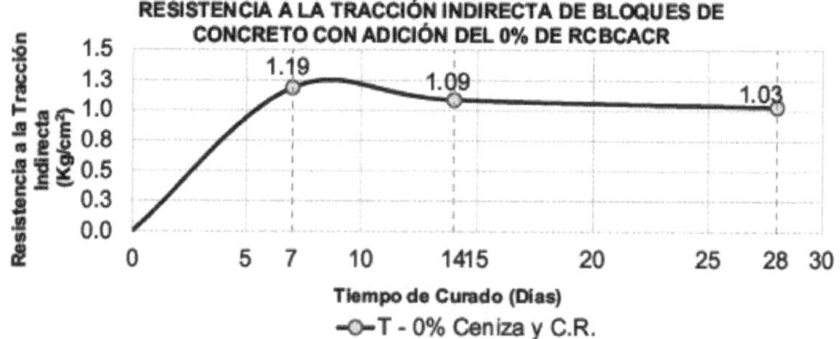

[2]Nota: Esta figura mostra a adição de 0% de RCBCACR, sendo a nossa amostra padrão com uma resistência à tração de 1,03 kg/cm aos 28 dias.

Figura 23

Resistência à tração de blocos de betão com 5% de adição de RCBCACR.

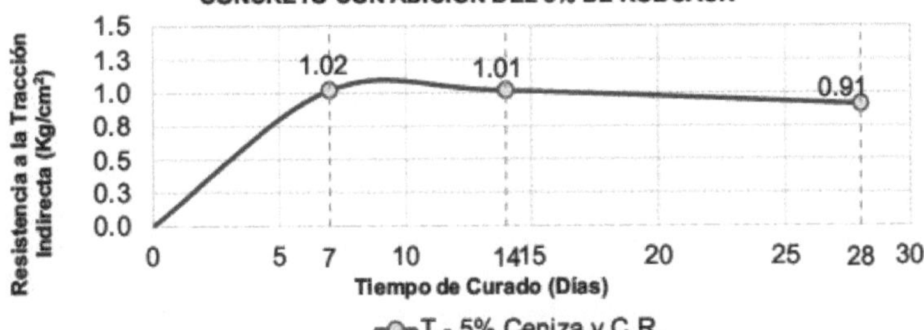

[2]Nota: Esta figura mostra a adição de 5% de RCBCACR, tendendo a diminuir a sua resistência à tração em 0,91 kg/cm aos 28 dias.

Resistência à tração de cada amostra com 10% de adição de RCBCARC

Nº de testemu nhas	Descri ção	Data d Molda gem	le Quebr a Quebr a	Ida de (dia s)	Comprim ento (cm)	Larg ura (cm)	Eleva do (cm)	Corte do perím etro (cm)	Car ga (Kg)	[2]Resistê ncia à tração indireta (kg/cm)	[2]Resistê ncia média à tração indireta (kg/cm)	[2]Resistê ncia de projeto (kg/cm)	%
01	T -10% Cinza e C.R.	2/06/20 23	9/06/20 23	7	39.40	11.90	19.90	63.60	490. 00	1.29			
02	T -10% Cinzas e C.R.	2/06/20 23	9/06/20 23	7	39.50	12.00	19.90	63.80	510. 00	1.33			
03	T -10% Cinzas e C.R.	2/06/20 23	9/06/20 23	7	39.50	11.90	19.80	63.40	450. 00	1.19			
04	T -10% Cinza e C.R.	2/06/20 23	9/06/20 23	7	39.50	12.00	19.80	63.60	520. 00	1.36			
05	T -10% Cinza e C.R.	2/06/20 23	9/06/20 23	7	39.40	12.00	19.90	63.80	500. 00	1.31	1.23	1.03	119.5 5%
06	T -10% Cinza e C.R.	2/06/20 23	16/06/2 023	14	39.40	11.90	19.90	63.60	420. 00	1.11			
07	T -10% Cinza e C.R.	2/06/20 23	16/06/2 023	14	39.50	11.90	19.80	63.40	460. 00	1.22			
08	T -10% Cinza e C.R.	2/06/20 23	16/06/2 023	14	39.40	12.00	19.70	63.40	470. 00	1.24			
09	T -10% Cinza e C.R.	2/06/20 23	16/06/2 023	14	39.50	12.00	19.90	63.80	440. 00	1.15			
10	T -10% Cinzas e C.R.	2/06/20 23	16/06/2 023	14	39.50	11.90	19.80	63.40	490. 00	1.30	1.13	1.03	109.3 5%
11	T -10% Cinzas e C.R.	2/06/20 23	30/06/2 023	28	39.40	12.00	19.80	63.60	450. 00	1.18			
12	T -10% Cinzas e C.R.	2/06/20	30/06/2	28	39.50	12.00	19.90	63.80	420.	1.10			

Nº de testemunhas	Descrição	Data da rutura Moldagem	Data da rutura Quebra	Idade (dias)	Comprimento (cm)	Largura do (cm)	Eleva do (cm)	Corte do perímetro (cm)	Carga (Kg)	[2]Resistência à tração indireta (kg/cm)	[2]Resistência média à tração indireta (kg/cm)	[2]Resistência de projeto (kg/cm)	%
	Cinzas e C.R. T -10%	23	023						00				
13	Cinzas e C.R. T -10%	2/06/2023	30/06/2023	28	39.50	11.90	19.90	63.60	460.00	1.22			
14	Cinzas e C.R. T -10%	2/06/2023	30/06/2023	28	39.50	11.90	19.80	63.40	410.00	1.09			
15	T -10% Cinzas e C.R.	2/06/2023	30/06/2023	28	39.60	12.00	19.90	63.80	430.00	1.12	**1.09**	1.03	105.17%

[2]Nota: Esta tabela mostra a resistência à tração com a adição de RCBCACR a 10%, para um lote de 5 amostras, com uma resistência de 1,09 kg/cm em 28 dias, verifica-se que a resistência tem um decréscimo moderado, mas com uma resistência superior à norma.

Resistência à tração de cada amostra com 15% de adição de RCBCARC

Nº de testemunhas	Descrição	Data da rutura Moldagem	Data da rutura Quebra	Idade (dias)	Comprimento (cm)	Largura do (cm)	Eleva do (cm)	Corte do perímetro (cm)	Carga (Kg)	[2]Resistência à tração indireta (kg/cm)	[2]Resistência média à tração indireta (kg/cm)	[2]Resistência de projeto (kg/cm)	%
01	T -15% Cinza e C.R.	2/06/2023	9/06/2023	7	39.40	11.90	19.90	63.60	480.00	1.27			
02	T -15% Cinza e C.R.	2/06/2023	9/06/2023	7	39.50	12.00	19.90	63.80	430.00	1.12			
03	T -15% Cinza e C.R.	2/06/2023	9/06/2023	7	39.50	12.00	19.80	63.60	500.00	1.31			
04	T -15% Cinza e C.R.	2/06/2023	9/06/2023	7	39.50	12.00	19.80	63.60	410.00	1.07			
05	T -15% Cinza e C.R.	2/06/2023	9/06/2023	7	39.40	12.00	19.90	63.80	510.00	1.33	1.11	1.03	107.18%
06	T -15% Cinza e C.R.	2/06/2023	16/06/2023	14	39.40	11.90	19.90	63.60	460.00	1.22			
σ> [1]θ 07	T -15% Cinza e C.R.	2/06/2023	16/06/2023	14	39.50	12.00	19.80	63.60	430.00	1.13			
08	T -15% Cinza e C.R.	2/06/2023	16/06/2023	14	39.40	12.00	19.70	63.40	390.00	1.03			
09	T -15% Cinza e C.R.	2/06/2023	16/06/2023	14	39.50	12.00	19.90	63.80	420.00	1.10			
10	T -15% Cinza e C.R.	2/06/2023	16/06/2023	14	39.50	11.90	19.80	63.40	410.00	1.09	1.04	1.03	100.87%
11	T -15% Cinza e C.R.	2/06/2023	30/06/2023	28	39.40	11.90	19.80	63.40	400.00	1.06			

Nº	Descrição		Data	Idade									
12	T -15% Cinza e C.R.	2/06/2023	30/06/2023	28	39.50	12.00	19.90	63.80	390.00	1.02			
13	T -15% Cinza e C.R.	2/06/2023	30/06/2023	28	39.50	11.90	19.90	63.60	390.00	1.03			
14	T -15% Cinza e C.R.	2/06/2023	30/06/2023	28	39.50	11.90	19.80	63.40	350.00	0.93			
15	T -15% Cinza e C.R.	2/06/2023	30/06/2023	28	39.60	12.00	19.90	63.80	380.00	0.99	**0.96**	1.03	92.65%

[2]Nota: Esta tabela mostra a resistência à tração com a adição de RCBCACR a 15%, para um lote de 5 amostras, esta dosagem diminui a resistência para 0,96 kg/cm em 28 dias, o que não é adequado.

Resistência à tração de blocos de betão com 10% de adição de RCBCACR.

[2]Nota: Esta figura mostra a adição de 10% de RCBCACR, com uma resistência à tração de 1,09 kg/cm aos 28 dias, com uma resistência superior à norma.

Figura 25

Resistência à tração de blocos de betão com 15% de adição de RCBCACR.

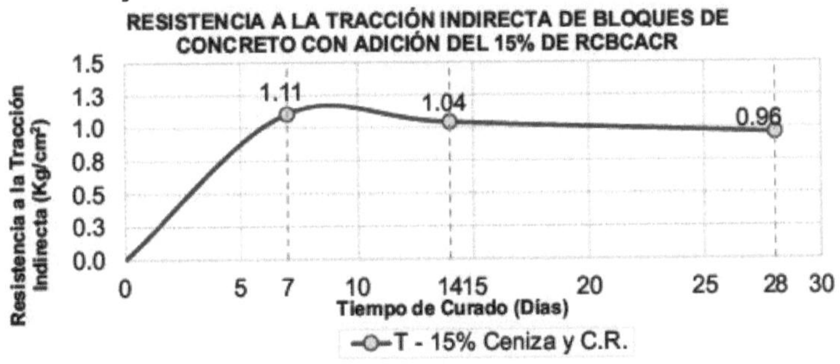

[2]Nota: Esta figura mostra a adição de 15% de RCBCACR, tendendo a diminuir a sua resistência à tração em 0,96 kg/cm aos 28 dias.

Resistência à tração consolidada de amostras com 0%, 5%, 10%, 15%> adição de RCBCARC

Descrição	Data da rutura	Idade	[2]Resistência	[2]Resistência (%)

	Moldagem	Quebra	(dias)	média à tração indireta (kg/cm)	de projeto (kg/cm)	
T - 0% Ash e C.R.	2/06/2023	9/06/2023	7.00	1.19	-	-
T - 0% Ash e C.R.	2/06/2023	16/06/2023	14.00	1.09	-	-
T - 0% Ash e C.R.	2/06/2023	30/06/2023	28.00	1.03	-	-
T - 5% Cinzas e C.R.	2/06/2023	9/06/2023	7	1.02	1.03	99%
T - 5% Cinzas e C.R.	2/06/2023	16/06/2023	14	1.01	1.03	98%
T - 5% Cinzas e C.R.	2/06/2023	30/06/2023	28	0.91	1.03	88%
T -10% Cinzas e C.R.	2/06/2023	9/06/2023	7	1.23	1.03	120%
T -10% Cinzas e C.R.	2/06/2023	16/06/2023	14	1.13	1.03	109%
T ▪ 10% Cinzas e R.C.	**2/06/2023**	**30/06/2023**	**28**	**1.09**	**1.03**	**105%**
T -15% Cinza e C.R.	2/06/2023	9/06/2023	7	1.11	1.03	107%
T -15% Cinza e C.R.	2/06/2023	16/06/2023	14	1.04	1.03	101%
T -15% Cinza e C.R.	2/06/2023	30/06/2023	28	0.96	1.03	93%

[2]Nota: Esta tabela mostra os resultados finais da resistência à tração com a adição de RCBCACR a 0%, 5%, 10% e 15%, para um lote de 5 amostras, sendo a dose de 10% a que apresenta melhor resistência, embora seja verdade que a resistência é baixa porque os blocos não trabalham em tração, em relação às outras proporções a sua queda é menor com 1,09 kg/cm .

Resistência à tração de blocos de betão com adição de RCBCACR.

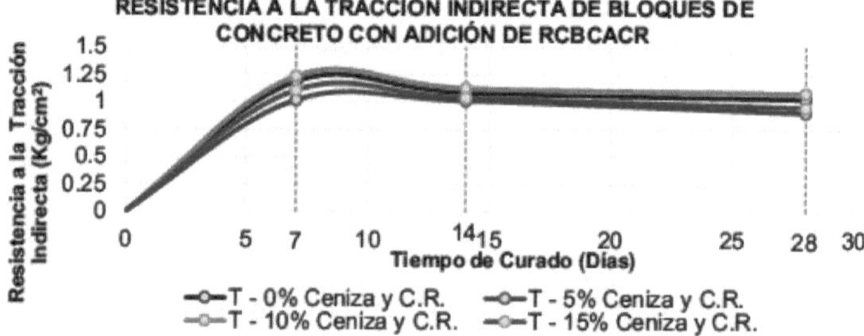

[2]Nota: Esta figura mostra os resultados finais de resistência à tração com a adição de RCBCACR a 0%, 5%, 10% e 15%, para um lote de 5 amostras, sendo a dose de 10% a melhor resistência com 1,09 kg/cm , acima da amostra padrão.

Quadro 24

Resumo da resistência à tração dos blocos de betão com adição de RCBCACR.

	[2]FORÇA TENSIL (Kg/cm)		
Amostra	**7 dias**	**14 dias**	**28 dias**
0%	1.19	1.09	1.03
5%	1.02	1.01	0.91
10%	**1.23**	**1.13**	**1.09**
15%	1.11	1.04	0.96

[2]Nota: Esta tabela mostra um resumo da resistência à tração das amostras, onde a adição de 10% de RCBCACR, excede em resistência com 1,03 kg/cm aos 28 dias.

Resistência à tração de blocos de betão com adição de RCBCACR.

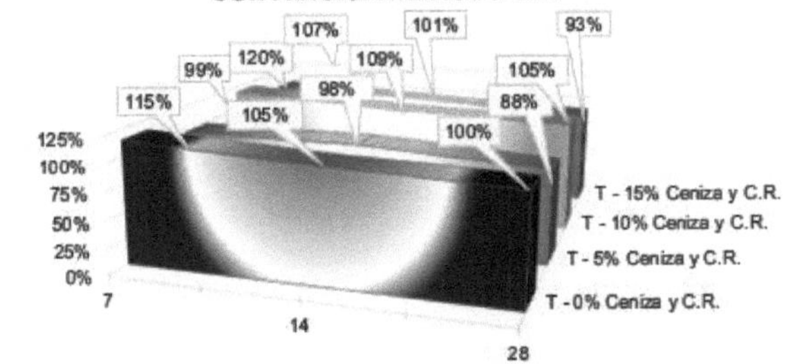

▣ T - 0% Ceniza y C.R.   □ T - 5% Ceniza y C.R.

▢ T - 10% Ceniza y C.R.   ▣ T - 15% Ceniza y C.R.

Nota: Esta figura reflecte os resultados médios dos blocos de betão com adição de RCBCACR em 5%, 10% e 15%, dos 3 grupos, onde a adição de 10% de RCBCACR é a que superou a norma na resistência à tração aos 28 dias de idade, concluindo que a adição de 10% de RCBCACR, é a mais óptima, se esta percentagem aumentar a resistência diminui e se a percentagem de adição diminuir da mesma forma a resistência à tração diminui.

Relação entre a resistência à compressão e a resistência à flexão de blocos de betão com adição de RCBCACR.

Idade Espécime	Dose	Resistência média à compressão (kg/cm2)	Resistência média à flexão (Kg/cm2) 10%F'c<=Mr<=20%F'c		
7		39.51	3.95	2.87	7.90
14		45.69	4.57	4.52	9.14
28	0%	**51.08**	**5.11**	**5.80**	**10.22**
7		38.46	3.85	2.00	7.69
14		38.91	3.89	3.60	7.78
28	5%	**42.58**	**4.26**	**4.44**	**8.52**
7		41.00	4.10	3.17	8.20
14		47.60	4.76	4.61	9.52
28	10%	**53.79**	**5.38**	**6.19**	**10.76**
7		38.76	3.88	2.26	7.75
14		40.80	4.08	3.80	8.16
28	15%	**46.23**	**4.62**	**5.22**	**9.25**

Nota: Esta tabela mostra uma relação que existe entre a compressão e a flexão, Gerardo A. Rivera L. (2013); indica que a relação varia entre 10% e 20% da resistência à compressão, todas as três doses cumprem a condição, mas a dose de 10% é maior com 6,19%.

Relação entre a resistência à compressão e a resistência à flexão dos blocos de betão com adição de RCBCACR.

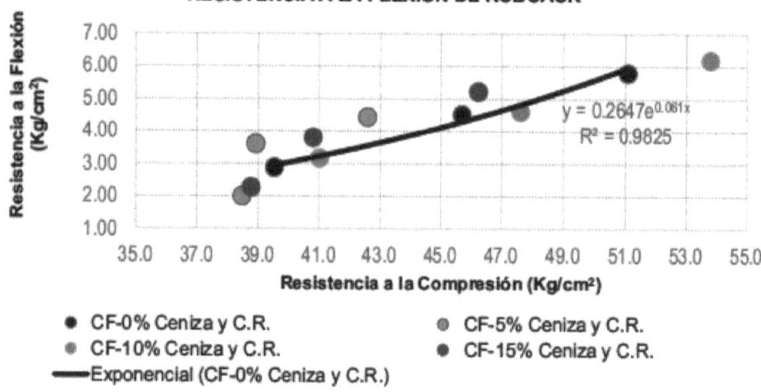

Nota: Este valor reflecte a proximidade da dosagem de 10% em relação à amostra padrão, em que quanto maior a resistência à compressão, maior a resistência à flexão.

Relação entre a resistência à compressão e a resistência à flexão dos blocos de betão adicionados de RCBCACR aos 28 dias.

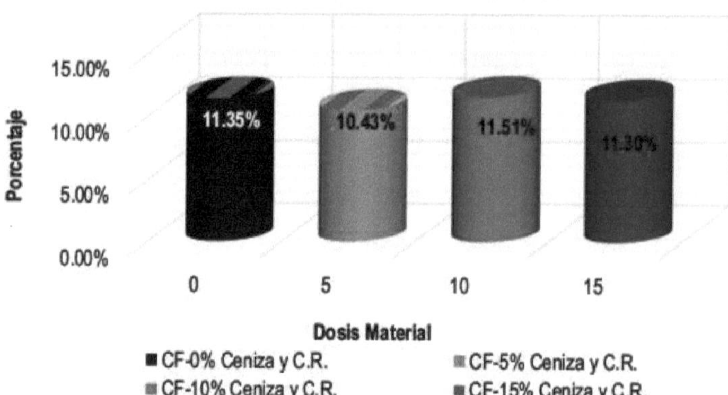

Nota: Esta figura reflecte a relação entre a resistência à compressão e a resistência à flexão dos blocos de betão com adição de RCBCACR a 5%, 10% e 15%, a sua relação entre a resistência à compressão e a resistência à flexão, a adição de 10% mantém-se como predominante, também se tivermos em conta que os parâmetros médios de referência para este estudo variam entre 10% - 20% (Gerardo A. Rivera L.), a relação entre a resistência à compressão e a resistência à flexão, o que indicaria que a adição de RCBCACR a 10% trabalharia com tensões de flexão. Rivera L), a relação entre a resistência à compressão e a resistência à flexão, o que indicaria que a adição de RCBCACR a 10% funcionaria com tensões de flexão.

Relação percentual entre a resistência à compressão e a resistência à tração Bloco de betão indireto com adição de RCBCACR aos 28 dias.

Idade Espécime	Dose	Resistência média à compressão (kg/cm2)	Resistência média à tração indireta (kg/cm2) 8%F'c<Mr<15%F'c		
7		39.51	3.16	1.19	5.93
14		45.69	3.66	1.09	6.85
28	0%	**51.08**	**4.09**	**1.03**	**7.66**
7		38.46	3.08	1.02	5.77
14		38.91	3.11	1.01	5.84
28	5%	**42.58**	**3.41**	**0.91**	**6.39**
7		41.00	3.28	1.23	6.15
14		47.60	3.81	1.13	7.14
28	10%	**53.79**	**4.30**	**1.09**	**8.07**
7		38.76	3.10	1.11	5.81
14		40.80	3.26	1.04	6.12
28	15%	**46.23**	**3.70**	**0.96**	**6.93**

Nota: Esta tabela mostra uma relação que existe entre a compressão e a tração, Otazzi (2004); indica que a relação varia entre 8% e 15% da resistência à compressão, o que não cumpre a condição das três doses, mas a dose de 10% é superior com 1,09%, isto não cumpre tendo em conta que o bloco não trabalha em tração.

Relação entre a resistência à compressão e a resistência à tração dos blocos de betão com adição de RCBCACR.

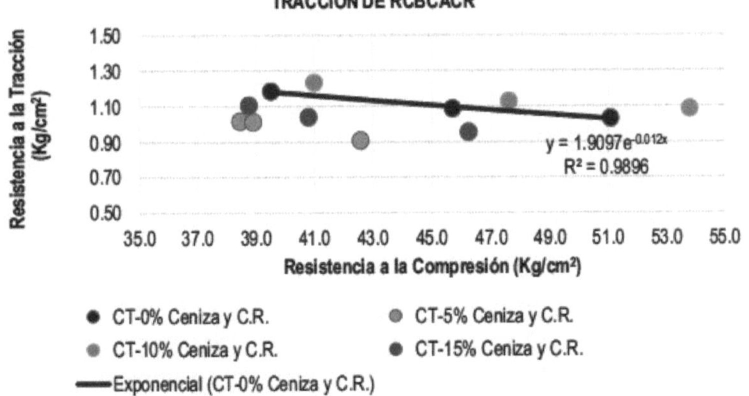

Nota: Este valor reflecte a proximidade da dosagem de 10% em relação à amostra padrão, em que quanto maior for a resistência à compressão, maior será a resistência à tração indireta.

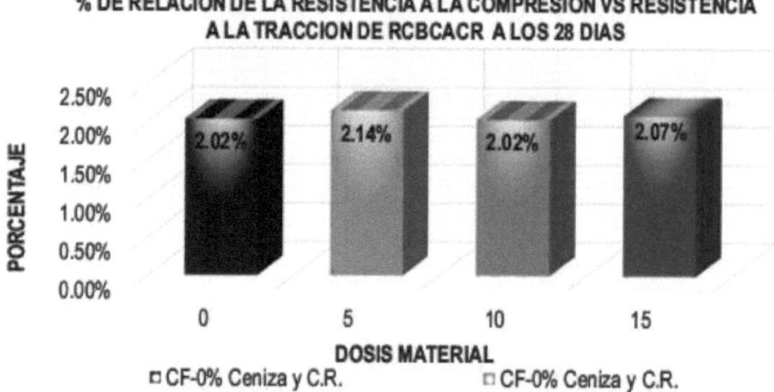

Nota. A figura mostra a relação resistência à compressão vs. resistência à tração indireta dos blocos de betão com adição de RCBCACR em 5%, 10% e 15%, apresenta uma tendência semelhante em relação à amostra padrão, e se considerarmos que a média dos parâmetros de referência para este estudo varia entre 8% - 15% (Farrel), a relação resistência à compressão vs. resistência à tração indireta, estes estender-se-iam consideravelmente abaixo destes parâmetros, indicando que a adição de RCBCACR aos blocos de betão não confere resistência às tensões de tração.

V.- DISCUSSÃO

V.1 [222]Na presente investigação obteve-se que a adição de RCBCACR aos blocos de concreto nas doses de 0%, 5%, 10% e 15% nos dá como resistência à compressão de 51,08Kg/cm2, 42,58Kg/cm2, 53,79 Kg/cm e 46,23 Kg/cm , sendo a dose de 10% a mais ótima em sua resistência à compressão de 53,79 kg/cm em relação às demais dosagens, isso é semelhante à pesquisa realizada por Garrett et al. (2020). utilizando 0%, 10%, 20% e 30% de cinza de bagaço de cana-de-açúcar e casca de arroz, obtiveram uma resistência à compressão de 18MPa, 25MPa, 17MPa e 18,5MPa para o primeiro material e 20MPa, 25MPa e 24,5MPa para o segundo material, concluíram que 10% de cinza de bagaço de cana-de-açúcar foi o mais indicado por apresentar resultados significativos, para utilização na produção de blocos de concreto.

V.2 [2]Da mesma forma, o presente estudo apresenta resultados de resistência à compressão semelhantes ao estudo realizado por Ardiles (2021) que apresenta resultados que ao utilizar 0, 5, 10 e 15 % de cinzas de bagaço de cana de açúcar, obteve resistências à compressão de 28.180, 33.590, 37.810 e 35.450 kg/cm , concluindo que a dosagem mais óptima foi a de 10% por apresentar um melhor valor em termos de resistência à compressão.

V.3 [222]Na pesquisa realizada por Prabhu et al. (2019) em que fez adição de cinzas de bagaço na fabricação de tijolos. fazendo uso de 6, 8, 16 e 20 % alcançando uma resistência à compressão de 4,00N/mm , 4,20N/mm , 5,10N/mm e 6.[2]30N/mm respetivamente, concluindo que a inclusão de 20% de cinzas de bagaço teve resultados significativos na sua resistência, pelo que na presente investigação se conclui o contrário, aumentando a percentagem de cinzas nos blocos de betão de 10% para cima diminui moderadamente a sua resistência.

V.4 De acordo com o estudo realizado por Gerardo A. Rivera L. (2013), conclui que a relação resistência à compressão vs resistência à flexão varia de 10% - 20%. No presente estudo, foram obtidos resultados para as dosagens de 0%, 5%, 10% e 15%, obtendo uma relação resistência à compressão vs resistência à flexão de 11,35%, 10,43%, 11,51% e 11,30%, onde as três dosagens estudadas possuem resultados dentro do parâmetro, destacando que com 10% de adição possui uma resistência maior em relação às outras dosagens.

Conclui-se que a relação entre a resistência à compressão e a resistência à flexão está intimamente relacionada com a adição de RCBCACR.

V.5 De acordo com um estudo de Otazzi (2004), a relação entre a resistência à compressão e a resistência à tração situa-se no intervalo de 8% - 15%, no presente estudo foram obtidos resultados de 2,02% - 2,14%, muito abaixo do intervalo de referência, pelo que se conclui que a adição de RCBCACR aos blocos de betão não proporciona resistência à tração.

A metodologia utilizada no projeto é adequada, pois permitiu determinar a resistência à compressão, à flexão e à tração, tendo em conta que a análise dos dados da resistência à flexão e à tração foi uma comparação empírica com os autores da referência, uma vez que no nosso país ainda não existe uma norma que regule os parâmetros de flexão e tração para as unidades de alvenaria de blocos de betão.

VI.-CONCLUSÕES

V.6 [2] [2]Concluiu-se que um dimensionamento nominal ou normalizado com uma resistência de f'_b = 50 kg/cm aos 28 dias obteve um dimensionamento ótimo de f'_b = 51,08 kg/cm aos 28 dias, uma relação óptima de dimensionamento para a resistência à flexão de 11,35% aos 28 dias e uma relação óptima de dimensionamento para a resistência à tração de 2,02%, os blocos de betão normalizados foram feitos à mão, em conformidade com a norma E.070-(RNE).

V.7 A dosagem da adição do RCBCACR nas porcentagens de 5%, 10% e 15%; permitindo a confeção das unidades amostrais para os ensaios, obtendo-se: para a amostra padrão 0% de adição - lote de 5 amostras = cimento 5,83 kg, cinza 0 kg, água 5,01L, areia 40,29 kg, geléia 4,43 kg, concreto reciclado 0 kg; amostra 5% de adição - lote de 5 amostras = cimento 5,53 kg, cinza 0,30 kg, água 5,01L, areia 40,29 kg, compota 4,20 kg, betão reciclado 0,23 kg; amostra 10% de adição - lote de 5 amostras = cimento 5,23 kg, cinzas 0,60 kg, água 5,01 L., areia 40,29 kg, compota 4,20 kg, betão reciclado 0,23 kg; amostra 10% de adição - lote de 5 amostras = cimento 5,23 kg, cinzas 0,60 kg, água 5,01L, areia 40,29 kg, batedor 3,97 kg, betão reciclado 0,46 kg; 15% amostra de adição - 5 amostras de lote = cimento 4,93 kg, cinzas 0,90 kg, água 5,01L, areia 40,29 kg, batedor 3,74 kg, betão reciclado 0,69 kg; 15% amostra de adição - 5 amostras de lote = cimento 4,93 kg, cinzas 0,90 kg, água 5,01L, areia 40,29 kg, batedor 3,74 kg, betão reciclado 0,69 kg.

V.8 [222]A resistência à compressão dos blocos de concreto com adição de RCBCACR nas dosagens de 5%, 10% e 15% nos dá 42,58Kg/cm , 53,79 Kg/cm e 46,23 Kg/cm , tendo como resultado que as dosagens de 5% e 15% nos dão resistências inferiores ao projeto ótimo do padrão (51.[22]08 Kg/cm), pelo que estas unidades só funcionariam como blocos NP, sendo a dosagem de 10% a mais óptima na sua resistência à compressão com 53,79 kg/cm em relação às outras dosagens; superando a amostra padrão aos 28 dias. Determinando que com a adição de 10% de RCBCACR se obtém uma melhor resistência à compressão, cumprindo com a Norma E.070-(RNE), podendo trabalhar como blocos NP e P.

V.9 A resistência à flexão dos blocos de concreto com adição de RCBCACR nas dosagens de 5%, 10% e 15% permitiu concluir que o comportamento do RCBCACR atua de forma favorável e proporcional nas suas três dosagens de resistência à flexão (10,43%, 11,51% e 11,30%) aos 28 dias, destacando que a dosagem de 10% de adição de RCBCACR possui uma relação ($f'_{f/fb}$) maior em relação à sua resistência à compressão. Determinando que tais unidades de blocos de concreto com 10% de dosagem resistem melhor aos esforços de flexão, funcionando como blocos P e NP.

V.10 A resistência à tração dos blocos de betão com a adição de RCBCACR nas dosagens de 5%, 10% e 15%, concluindo que o comportamento do RCBCACR actua desfavoravelmente nas suas três dosagens de resistência à tração (2,14%, 2,02% e 2,07%) aos 28 dias, determinando que estas unidades de blocos de betão não resistem a esforços de tração.

VII.-RECOMENDAÇÕES

[2]De acordo com os resultados obtidos, a adição de 10% de RCBCACR atinge uma maior resistência à compressão (53,79 kg/cm), recomendando a utilização desta dosagem, uma vez que se a dosagem for aumentada ou diminuída, a sua resistência tende a diminuir.

É aconselhável produzir blocos de betão artesanais, desde que se cumpra a norma E.070-(RNE), devendo considerar-se uma secagem de 28 dias para atingir uma resistência óptima.

De acordo com os resultados obtidos, à medida que se adicionam ou diminuem os RCBCACR, a resistência à compressão, à flexão e à tração da dose óptima obtida diminui para ambos os extremos, razão pela qual não se recomenda a utilização de RCBCACR em doses superiores ou inferiores a 10%.

Recomenda-se não efetuar o ensaio de resistência à tração, uma vez que todos os ensaios realizados têm um comportamento desfavorável.

No presente estudo, os pesos foram tidos em conta, pelo que se recomenda que os futuros investigadores realizem ensaios separados para o RCBCACR, a fim de obter informações mais pormenorizadas sobre qual dos dois materiais proporciona maior resistência à compressão, à flexão e à tração.

REFERÊNCIAS

Abasi et al. (2023). AVALIAÇÃO das propriedades de tração de conjuntos de alvenaria de blocos de betão de idade precoce. Obtido de https://doi.org/10.1016/j.conbuildmat.2023.130542

Al-Aesh et al. (2021). Avaliação experimental do desempenho térmico e mecânico de blocos de betão com isolamento térmico. Retirado de https://doi.org/10.1016/j.jclepro.2020.124624

Almeida et al. (2019). Uso da areia de cinza de bagaço de cana-de-açúcar (SBAS) como retardante de corrosão para concreto reforçado com cimento de escória Portland. Recuperado de https://doi.org/10.1016/j.conbuildmat.2019.07.217

Anjos et al. (2020). Propriedades de argamassas autonivelantes incorporando um alto volume de cinza de bagaço de cana-de-açúcar como substituto parcial do cimento Portland. Recuperado de https://doi.org/10.1016/j.jobe.2020.101694

ARDILES, R. (2021). *Influencia de la ceniza del bagazo de la caña de azúcar como sustituto parcial del cemento portland tipo I en la elaboración de unidades de albañilería Abancay, 2021.* Repositório Digital Institucional da UCV. Recuperado de https://hdl.handle.net/20.500.12692/75213

ARIAS, J. (2020). *Proyecto de tesis: Guía para la elaboración.* Recuperado de https://repositorio.concytec.gob.pe/bitstream/20.500.12390/2236/1/AriasGonzale s_ProyectoDeTesis_libro.pdf

ARIAS, J., & COVINOS, M. (2021). *Desenho e metodologia de investigação.* Enfoques Consulting EIRL. Recuperado de https://repositorio.concytec.gob.pe/handle/20.500.12390/2260

Arivazhagan et al. (2020). Análise de desempenho de blocos de betão integrados com PCM para gestão térmica. Obtido de https://doi.org/10.1016/j.matpr.2019.06.714

Awoyera et al. (2021). Absorção de água, resistência e propriedades em microescala de blocos de betão interbloqueados feitos com fibra plástica e agregados cerâmicos. Retirado de https://doi.org/10.1016/j.cscm.2021.e00677

Cabané et al. (2022). Avaliação da anisotropia e da resistência à compressão de tijolos sólidos de argila cozida através do ensaio de pequenos provetes. Retirado de https://doi.org/10.1016/j.conbuildmat.2022.128195

Camarena, A., & Díaz, D. (2022). *Análise comparativa da resistência à compressão, resistência à flexão e trabalhabilidade do concreto tradicional versus concreto usando escória de aço como agregado fino.* Gaceta Técnica, 23 (1): 20-34. Recuperado de http://ve.scielo.org/scielo.php?script=sci_arttext&pid=S1856-95602022000100020

Carriço et al. (2021). Novo processo de separação para obtenção de cimento reciclado e areia reciclada de alta qualidade a partir de resíduos de betão endurecido. Retirado de https://doi.org/10.1016/j.jclepro.2021.127375

CAYOTOPA, K. (2019). *Resistência à compressão de tijolos de betão f'c=210 kg/cm2, substituindo o agregado graúdo por tijolo reciclado e betão, em diferentes percentagens.* Repositório Institucional da UPN. Recuperado de https://hdl.handle.net/11537/22301

CCAHUAYA, P., & ZEBALLOS, V. (2022). *Melhoria das propriedades mecânicas da parede artesanal sólida pela adição de concreto reciclado triturado para uso na construção, Ilo, Moquegua, 2021.* Repositório Digital Institucional da UCV. Recuperado de https://hdl.handle.net/20.500.12692/92011

CORREA, L., & POLO, H. (2019). *Influência da substituição da cinza de cana-de-açúcar nas propriedades físicas e mecânicas das pavimentadoras do tipo II para pavimentos de tráfego leve, Trujillo 2019.* Trujillo: Repositório Institucional da UPN. Recuperado de https://hdl.handle.net/11537/23400

Dawoud et al. (2020). Uma revisão sobre a investigação do processo experimental de substituição parcial de cimento por bagaço de cana-de-açúcar na indústria da construção. *IOP Conference Series: Materials Science and Engineering*, 1-27. Retrieved from https://doi.org/10.1088/1757-899X/974/1/012036

Fakharian et al. (2023). Previsão da resistência à compressão de blocos de alvenaria de betão oco utilizando algoritmos de inteligência artificial. Obtido em https://doi.org/10.1016/j.istruc.2022.12.007

Farrel et al. (1967). *Ensaios de resistência.* diversos: diversos.

Feng et al. (2023). Alteração do método de imersão da tecnologia de precipitação de carbonato de cálcio induzida microbialmente para melhorar o efeito de reforço dos agregados de betão reciclado. Obtido em https://doi.org/10.1016/j.jobe.2023.106128

Garrett et al. (2020). Pozolanas de bagaço de cana-de-açúcar e cinza de casca de arroz: Resistência do cimento e efeitos de corrosão ao usar água salgada. Recuperado de https://doi.org/10.1016/j.crgsc.2020.04.003

INEI. (2022). *Produção nacional.* Lima. Recuperado de https://www.inei.gob.pe/media/MenuRecursivo/boletines/03-informe-tecnico-produccion-nacional-ene-2022.pdf

Itamar et al. (2022). Revisão sistemática da literatura sobre a melhoria das propriedades mecânicas do betão com fibras de origem artificial-natural. Retirado de https://doi.org/10.14483/23448393.18207

Khatab et al. (2021). A influência dos resíduos de unidades de alvenaria de betão como agregado grosso nas propriedades do betão. Retirado de https://doi.org/10.1016/j.matpr.2020.12.186

Kolawole et al. (2021). Revisão do estado da arte sobre a utilização de cinzas de bagaço de cana-de-açúcar em materiais cimentícios. Retirado de https://doi.org/10.1016/j.cemconcomp.2021.103975

L., G. A. (2013). *O betão simples.* Cauca: E.

León, F., & Reátegui, S. (2020). *Projeto de blocos de concreto com incorporação de fibra de cana-de-açúcar para residências unifamiliares em Moyobamba.* Repositório Digital Institucional da UCV. Recuperado de https://hdl.handle.net/20.500.12692/55360

Liu et al. (2020). Potencial de utilização de pó de bloco de concreto aerado e pó de tijolo de argila de resíduos de C&D. Retirado de https://doi.org/10.1016/j.conbuildmat.2019.117721

Liu et al. (2021). A utilização potencial de cinzas de lamas de água potável como material cimentício suplementar no fabrico de blocos de betão. Recuperado de https://doi.org/10.1016/j.resconrec.2020.105291

Lyra et al. (2019). Reutilização de cinzas de bagaço de cana-de-açúcar para produção de um agregado leve utilizando sinterização em forno de micro-ondas.

Recuperado de https://doi.org/10.1016/j.conbuildmat.2019.06.150

MAKUL, N. (2020). *Análise de custo-benefício da produção de betão pronto de alto desempenho feito com agregado de betão reciclado: um estudo de caso na Tailândia.* Heliyon, 6 (6): 1-13. Obtido de https://doi.org/10.1016/j.heliyon.2020.e04135

Maldonado et al. (2019). Risco de corrosão a longo prazo de compósitos de cimento fino contendo cinzas de bagaço de cana-de-açúcar não tratadas. Retrieved from https://doi.org/10.1061/(ASCE)MT.1943-5533.0002647

MICHEAL, A., & MOUSSA, R. (2021). *Investigando o Efeito Económico e Ambiental da Integração de Fibras de Bagaço de Cana-de-Açúcar (SCB) em Tijolos de Cimento.* Jornal de Engenharia Ain Shams, 12 (3): 3297-3303. Obtido de https://doi.org/10.1016/j.asej.2020.12.012

Mucha et al. (2020). Avaliação dos procedimentos utilizados para determinar a população e a amostra numa investigação de pós-graduação. Retirado de https://doi.org/10.37711/desafios.2021.12.1.253

NedeljkoviC et al. (2021). Utilização de agregados finos de betão reciclado em betão: uma revisão crítica. Retirado de https://doi.org/10.1016/j.jobe.2021.102196

Nikolenko et al. (2021). Resistência FLEXURAL de estruturas de betão reforçadas com fibras. Retrieved from https://doi.org/10.1088/1742-6596/1889/2/022075

NIÑO, V. (2021). *Metodologia da investigação.* Ediciones de la U. Recuperado de https://www.google.com.pe/books/edition/Metodolog%C3%ADa_de_la_investiga ci%C3%B3n/WCwaEAAAAQBAJ?hl=pt-419&gbpv=0

Nunton et al. (2022). Uma revisão do comportamento mecânico do betão com a adição de fibras de aço provenientes de pneus reciclados. Retirado de https://doi.org/10.25100/iyc.v24i2.11741

Ñaupas et al. (2019). Metodologia de investigação quantitativa-qualitativa e redação de teses. Recuperado de https://www.google.com.pe/books/edition/Metodolog%C3%ADa_de_la_Investiga ci%C3%B3n_cuanti/KzSjDwAAQBAJ?hl=pt-419&gbpv=0

Pavlu et al. (2019). A utilização de agregado de alvenaria reciclado e EPS reciclado para blocos de betão para alvenaria sem argamassa. Recuperado de https://doi.org/10.3390%2Fma12121923

Peng et al. (2022). Caracterização experimental da interface unidade de alvenaria-mortar sob tensão cíclica uniaxial. Retirado de https://doi.org/10.1016/j.engfracmech.2022.108790

Prabhu et al. (2019). Um estudo experimental sobre tijolos por substituição parcial de cinzas de bagaço. *Revista Internacional de Investigação Multidisciplinar,* 258-265. Recuperado de https://doi.org/10.34256/irjmtcon35

RAMÍREZ, J., & CALLES, R. (2021). *Manual de metodología de la investigación en negocios internacionales.* Ecoe Ediciones. Recuperado de https://www.google.com.pe/books/edition/Manual_de_metodolog%C3%ADa_de _la_investigaci/GT4xEAAAAQBAJ?hl=pt-419&gbpv=0

REYES, E. (2022). *Metodologia da Investigação Científica.* Page Publishing, Incorporated. Recuperado de https://www.google.com.pe/books/edition/Metodologia_de_la_Investigacion_Cie ntifi/SmdxEAAAAQBAJ?hl=pt-419&gbpv=0

RNE (2019). *Norma E.070 Alvenaria.* Recuperado de https://www.cip.org.pe/publicaciones/2021/enero/portal/e.070-alba-ileria- sencico.pdf

Rodríguez et al. (2021). As variáveis na metodologia da investigação científica. Recuperado de https://www.google.com.pe/books/edition/Las_variables_en_la_metodolog%C3%ADa_de_la_i/5jFJEAAAQBAJ?hl=pt-419&gbpv=0

RODRÍGUEZ, Y. (2020). *Metodologia de investigação.* Klik Soluções Educativas. Recuperado de https://www.google.com.pe/books/edition/Metodolog%C3%ADa_de_la_investiga ci%C3%B3n/x9s6EAAAAAQBAJ?hl=pt-419&gbpv=1

SÁNCHEZ, F. (2019). *Fundamentos epistémicos da investigação qualitativa e quantitativa: Consenso e dissenso.* Revista Digital de Investigación en Docencia Universitaria, 13(11): 102-122. Retrieved from http://dx.doi.org/10.19083/ridu.2019.644

SANCHEZ, N. (2011). *O modelo de gestão e o seu impacto na prestação de serviços de água potável e saneamento no município de tena.* Ambato, Equador.

ßim§ek et al. (2022). Performance of fly ash-blended Portland cement concrete developed by using fine or coarse recycled concrete aggregate. Retirado de https://doi.org/10.1016/j.conbuildmat.2022.129431

Song et al. (2019). Efeito da fibra de carbono nas propriedades mecânicas e na estabilidade dimensional do betão incorporado com escória granulada de alto-forno. Recuperado de https://doi.org/10.1016/j.jclepro.2019.117819

Sun et al. (2020). Utilização de resíduos de materiais de reciclagem de betão em betão auto-compactável. Retirado de https://doi.org/10.1016/j.resconrec.2020.104930

Tayeh et al. (2021). Areia de bagaço de cana-de-açúcar e areia de grão de papel como substituição parcial de agregado fino em tijolos de betão amigos do ambiente. *ELSEVIER.* Recuperado de https://doi.org/10.1016/j.cscm.2022.e01612

VILLANUEVA, F. (2022). *Metodologia de investigação.* Klil Soluciones Educativas. Obtido em https://www.google.com.pe/books/edition/_/6e-KEAAAQBAJ?hl=es-419&gbpv=1

Wang et al. (2023). Estudo sobre a variação das propriedades do bloco de pavimentação de betão reciclado contendo múltiplos resíduos. Retirado de https://doi.org/10.1016/j.cscm.2022.e01803

Wu et al. (2022). Utilização de cinzas de bagaço de cana de açúcar em betão de desempenho ultra elevado (UHPC) como substituto do cimento. Recuperado de https://doi.org/10.1016/j.conbuildmat.2021.125881

Yuan et al. (2023). Comportamento MECÂNICO e avaliação ambiental de laje treliçada com barras de aço utilizando betão reciclado reforçado com fibras de aço. Recuperado de https://doi.org/10.1016/j.jobe.2023.106252

Zahra et al. (2021). Resistência à compressão e caraterísticas de deformação da alvenaria de blocos de betão feita com diferentes tipos de argamassas, blocos e suportes de argamassa. Retirado de https://doi.org/10.1016/j.jobe.2021.102213

Zambrano et al. (2021). Aplicação de métodos de cura e sua influência na resistência à compressão do betão. Retrieved from https://www.redalyc.org/journal/5703/570369777004/570369777004.pdf

https://miro.com/app/board/uXjVNU3_Wg4=/?share_link_id=521298544396

I want morebooks!

Buy your books fast and straightforward online - at one of world's fastest growing online book stores! Environmentally sound due to Print-on-Demand technologies.

Buy your books online at
www.morebooks.shop

Compre os seus livros mais rápido e diretamente na internet, em uma das livrarias on-line com o maior crescimento no mundo! Produção que protege o meio ambiente através das tecnologias de impressão sob demanda.

Compre os seus livros on-line em
www.morebooks.shop